PEI WANG WU REN JI XUN JIAN ZUO YE JI SHU

配网无人机巡检作业技术

主　编：戴　金　蔡　超　严永锋
副主编：舒　畅　刘　刚　郑小敏　邹语晨
　　　　王金鑫　胡一波　付子峰　任　涛
　　　　王　涛　吴　烜
参　编：李杰豪　廖一凡　胡　超　李　文
　　　　刘　斌　卢　奇　田　成　吴　琳
　　　　黎　洁　杨　琳　王慧丹　周　胜
　　　　易　畅　罗　冰　王东林　罗婷婷
　　　　田巧雨　严逸飞　梁子伦　范　杨
　　　　王　雄　严宇豪　徐乐平

华中科技大学出版社
http://press.hust.edu.cn
中国·武汉

内容简介

本书结合无人机在湖北配电网运维中的应用,详细阐述了配电网无人机的运维策略、应用场景、作业方式和数据管理方式等,可为无人机在配电网的应用及发展提供参考,全面促进配电网无人机自主智能巡检体系的推广及深化应用。

本书可以作为配电线路工、无人机巡检工技能提升培训教材,也可以作为国内配电网无人机经典教材的补充阅读材料和参考书。

图书在版编目(CIP)数据

配网无人机巡检作业技术/戴金,蔡超,严永锋主编. -- 武汉:华中科技大学出版社,2024.12.
ISBN 978-7-5772-1512-9

Ⅰ. TM726

中国国家版本馆 CIP 数据核字第 20244TK979 号

配网无人机巡检作业技术
Peiwang Wurenji Xunjian Zuoye Jishu

戴 金 蔡 超 严永锋 主编

策划编辑:李升炜 汪 粲	
责任编辑:李 露	
封面设计:廖亚萍	
责任校对:张会军	
责任监印:周治超	
出版发行:华中科技大学出版社(中国·武汉)	电话:(027)81321913
武汉市东湖新技术开发区华工科技园	邮编:430223
录 排:武汉市洪山区佳年华文印部	
印 刷:武汉科源印刷设计有限公司	
开 本:787mm×1092mm 1/16	
印 张:13.75	
字 数:297千字	
版 次:2024年12月第1版第1次印刷	
定 价:68.00元	

本书若有印装质量问题,请向出版社营销中心调换
全国免费服务热线:400-6679-118 竭诚为您服务
版权所有 侵权必究

前言

本书结合无人机在湖北配电网运维中的应用，详细阐述了配电网无人机的运维策略、应用场景、作业方式和数据管理方式等，可为无人机在配电网的应用及发展提供参考，全面促进配电网无人机自主智能巡检体系的推广及深化应用。

本书共分为七章，基本涵盖了国内配电专业无人机相关知识。第一章至第三章为配电网介绍、无人机巡检系统组成、无人机运行管理安全工作规程；第四章至第七章为无人机巡检作业、配电线路无人机自主巡检技术、巡检数据处理和典型缺陷分析、无人机设备维护保养。本书紧密结合湖北配电网无人机巡检作业的实际情况，全面系统地论述了配电网无人机的应用场景、作业规范、典型缺陷、数据应用管理等。

本书可以作为配电线路工、无人机巡检工技能提升培训教材，也可以作为国内配电网无人机经典教材的补充阅读材料和参考书。

由于当前科学技术发展日新月异，无人机行业发展快速，产品不断迭代更新，应用不断扩展升级，加上编写时间紧凑，书中难免有疏漏和不足之处，诚挚欢迎业内同行和广大读者提出宝贵意见和建议。

编者
2024 年 12 月

目录

第一章 配电网介绍 (1)
第一节 配电设备概述 (1)
一、配电网的概念和类型 (1)

二、配电网的特点 (2)

第二节 配电设备类型 (2)
一、杆塔 (2)

二、导线 (6)

三、金具 (9)

四、横担 (13)

五、绝缘子 (14)

六、拉线 (15)

七、10 kV 配电变压器 (15)

八、10 kV 户外柱上开关 (16)

九、10 kV 柱上隔离开关 (20)

十、10 kV 跌落式熔断器 (20)

第二章 无人机巡检系统组成 (22)
第一节 无人机平台 (22)
一、固定翼平台 (22)

二、垂直起降固定翼平台 (23)

三、旋翼平台 (23)

四、其他小种类无人机平台 (25)

五、无人机巡检系统工作原理 (27)

第二节 动力系统 (27)
一、电动动力系统 (27)

二、燃油动力系统 (33)

第三节　飞控系统 …………………………………………… (34)
　　　一、硬件设备 ………………………………………………… (34)
　　　二、飞控软件 ………………………………………………… (36)
　　　三、各部件功能 ……………………………………………… (36)
　　　四、飞行任务控制 …………………………………………… (41)
　　第四节　任务设备 …………………………………………… (45)
　　　一、可见光设备 ……………………………………………… (45)
　　　二、红外成像设备 …………………………………………… (46)
　　　三、激光雷达设备 …………………………………………… (46)
　　　四、声纹相机 ………………………………………………… (48)
　　　五、其他任务设备 …………………………………………… (48)

第三章　无人机运行管理安全工作规程 ……………………… (49)
　　第一节　无人机管理规程 …………………………………… (49)
　　　一、民用无人驾驶航空器管理规定 ………………………… (49)
　　　二、民用无人机操控员管理规定 …………………………… (50)
　　　三、空域和飞行活动管理规定 ……………………………… (51)
　　第二节　配电线路管理规程 ………………………………… (52)
　　　一、一般要求 ………………………………………………… (52)
　　　二、安全要求 ………………………………………………… (52)
　　　三、空域申报要求 …………………………………………… (52)
　　　四、现场勘察要求 …………………………………………… (53)
　　　五、工作票(单)要求 ………………………………………… (53)
　　　六、工作许可要求 …………………………………………… (55)
　　　七、工作监护要求 …………………………………………… (55)
　　　八、工作间断要求 …………………………………………… (55)
　　　九、工作票的有效期与延期要求 …………………………… (56)
　　　十、工作终结要求 …………………………………………… (56)
　　第三节　保障安全的技术要求 ……………………………… (56)
　　　一、航线规划要求 …………………………………………… (56)
　　　二、安全策略设置要求 ……………………………………… (57)
　　　三、航前检查要求 …………………………………………… (57)
　　　四、航巡监控要求 …………………………………………… (57)
　　　五、航后检查及维护要求 …………………………………… (58)
　　　六、安全注意事项 …………………………………………… (58)

第四章 无人机巡检作业 (60)

第一节 无人机飞行安全要求 (60)
- 一、现场勘察 (61)
- 二、风险来源辨识 (61)
- 三、航线规划 (63)

第二节 无人机精细化巡检 (64)
- 一、巡检内容 (64)
- 二、无人机精细化巡检作业流程 (65)
- 三、图像及视频采集标准 (68)
- 四、精细化巡检典型杆塔拍摄方法 (69)

第三节 无人机通道巡检 (87)
- 一、巡检内容 (87)
- 二、无人机通道巡检作业流程 (88)

第四节 无人机红外巡检 (91)
- 一、应用场景 (91)
- 二、巡检内容 (92)
- 三、无人机红外巡检作业流程 (92)

第五节 无人机故障巡检 (97)
- 一、无人机故障巡检作业流程 (97)
- 二、故障拍摄模块 (98)
- 三、拍摄原则 (98)

第六节 无人机竣工验收 (100)
- 一、应用场景 (100)
- 二、无人机竣工验收作业流程 (101)
- 三、巡检方式 (103)

第七节 无人机特殊巡检 (104)
- 一、应用场景 (104)
- 二、无人机特殊巡检配置 (104)
- 三、配电网无人机特殊巡检作业方式 (105)

第八节 无人机局部放电巡检 (105)
- 一、应用场景 (105)
- 二、巡检实例 (106)

第五章 配电线路无人机自主巡检技术 (115)

第一节 无人机自主巡检技术 (115)

第二节 无人机自主巡检航线采集技术 …………………………… (116)
  第三节 基于激光点云建模的配电网无人机自主精细化巡检流程 …… (120)
    一、点云建模 ………………………………………………………… (120)
    二、航线规划 ………………………………………………………… (124)
    三、自主精细化巡检 ………………………………………………… (126)
  第四节 配电网无人机自主通道航线规划流程 ……………………… (128)
    一、基于点云规划航线 ……………………………………………… (129)
    二、飞行器打点 ……………………………………………………… (130)
    三、已知坐标生成航线 ……………………………………………… (134)
  第五节 基于AI智能算法的配电网无人机自适应巡检流程 ………… (135)
    一、登录自适应巡检软件 …………………………………………… (135)
    二、创建任务 ………………………………………………………… (135)
    三、执行任务 ………………………………………………………… (135)
    四、结束任务 ………………………………………………………… (140)
  第六节 无人机智慧装备自主巡检应用案例 ……………………… (140)
    一、固定机场 ………………………………………………………… (140)
    二、移动巡检作业车 ………………………………………………… (142)
    三、单兵网格化巡检装备 …………………………………………… (143)

第六章 巡检数据处理和典型缺陷分析 ………………………………… (145)
  第一节 巡检数据处理 …………………………………………………… (145)
    一、巡检数据管理要求 ……………………………………………… (145)
    二、巡检成果整理规范 ……………………………………………… (146)
    三、航线绘制 ………………………………………………………… (148)
    四、通道数据分析 …………………………………………………… (150)
    五、红外分析 ………………………………………………………… (153)
  第二节 典型缺陷分析 …………………………………………………… (154)
    一、缺陷分级 ………………………………………………………… (154)
    二、典型缺陷示例 …………………………………………………… (154)
  第三节 典型缺陷展示 …………………………………………………… (158)
    一、杆塔基础缺陷 …………………………………………………… (158)
    二、杆塔本体缺陷 …………………………………………………… (161)
    三、导线缺陷 ………………………………………………………… (164)
    四、拉线缺陷 ………………………………………………………… (167)
    五、金具缺陷 ………………………………………………………… (168)

　　　　六、绝缘子缺陷 …………………………………………………… (173)
　　　　七、避雷器缺陷 …………………………………………………… (177)
　　　　八、通道缺陷 ……………………………………………………… (180)
　　　　九、其他设备缺陷 ………………………………………………… (181)
　　第四节　巡检报告编写 ………………………………………………… (184)
第七章　无人机设备维护保养 ………………………………………………… (185)
　　第一节　无人机巡检系统调试 ………………………………………… (185)
　　　　一、无人机巡检系统组装步骤 …………………………………… (185)
　　　　二、电机性能检测和分析 ………………………………………… (185)
　　　　三、地磁校准 ……………………………………………………… (186)
　　　　四、IMU 校准 ……………………………………………………… (187)
　　第二节　设备维护保养 ………………………………………………… (189)
　　　　一、无人机设备维护保养 ………………………………………… (190)
　　　　二、电池维护保养 ………………………………………………… (194)
　　　　三、发动机维护保养 ……………………………………………… (194)
　　　　四、任务载荷维护保养 …………………………………………… (195)
　　　　五、其他设备维护保养 …………………………………………… (196)
　　　　六、无人机故障诊断与维修 ……………………………………… (196)
　　第三节　机场设备维护保养 …………………………………………… (199)
　　　　一、维护保养注意事项 …………………………………………… (200)
　　　　二、维护保养周期 ………………………………………………… (200)
　　　　三、维护保养内容 ………………………………………………… (202)
附录 A　样票与汇总表示例 …………………………………………………… (204)
附录 B　巡检报告模板 ………………………………………………………… (206)

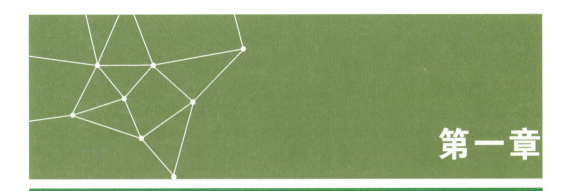

第一章

配电网介绍

第一节 配电设备概述

一、配电网的概念和类型

配电网（简称配网）是指从输电网或地区发电厂接受电能，通过配电设施就地分配或按电压逐级分配给各类用户的电力网。其是由架空线路、电缆、杆塔、配电变压器（简称变压器）、隔离开关、无功补偿器及一些附属设施等组成的，是在电力网中起重要分配电能作用的网络。

配电网按电压等级不同可分为高压配电网、中压配电网和低压配电网；按供电地域特点不同或服务对象不同，可分为城市配电网和农村配电网；按配电线路不同，可分为架空配电网、电缆配电网及架空电缆混合配电网。

（一）高压配电网

高压配电网指由高压配电线路和（相应等级的）配电变电站组成的向用户提供电能的配电网。其功能是从上一级电源接受电能后，直接向高压用户供电，或通过变压器为下一级中压配电网供电。高压配电网分为 110 kV/63 kV/35 kV 三个电压等级，城市配电网一般采用 110 kV 作为高压配电电压。高压配电网具有容量大、负荷重、负荷节点少、供电可靠性要求高等特点。

（二）中压配电网

中压配电网指由中压配电线路和配电变电站组成的向用户提供电能的配电网。其功能是从输电网或高压配电网接受电能后，向中压用户供电，或向用户用电小区负荷中心的配电变电站供电，再经过降压后为下一级低压配电网供电。中压配电网具有供电面广、容量大、配电点多等特点。中压配电网分为 20 kV/10 kV/6 kV 三个电压等级，我国中压配电网一般采用 10 kV 作为标准额定电压。

（三）低压配电网

低压配电网指由低压配电线路及其附属电气设备组成的向用户提供电能的配电网。其功能是以中压配电网的配电变压器为电源，将电能通过低压配电线路直接送给用户。低压配电网的供电距离较近，低压电源点较多，一台配电变压器就可作为一个低压配电网的电源，两个电源点之间的距离通常不超过几百米。低压配电网供电容量不大，但分布面广，除一些集中用电的用户外，其多是供给城乡居民生活用电及分散的街道照明用电等。低压配电网主要采用三相四线制、单相和三相三线制结合的混合系统。我国规定采用单相 220 V、三相 380 V 的低压额定电压。

本教材主要适用于中压配电网中架空配电线路设备无人机巡检。

二、配电网的特点

(1) 供电线路长，分布面积广。
(2) 发展速度快，用户对供电质量要求高，对供电的可靠性要求较高。
(3) 经济发展较好地区的配电网设计标准较高，供电的可靠性要求较高。
(4) 农网负荷季节性强。
(5) 配电网接线较复杂，必须保证调度上的灵活性、运行上的供电连续性和经济性。
(6) 随着配电网自动化水平的提高，对供电管理水平的要求也越来越高。

第二节　配电设备类型

一、杆塔

架空配电线路由杆塔、导线、避雷线（也称架空地线或简称地线）、绝缘子、金具、拉线和基础，加接地装置、柱上开关、隔离开关、变压器、跌落式熔断器、故障指示器、避雷器等元件组成。杆塔的主要作用是支撑导线、横担、绝缘子等部件,在各种气象条件下,使导线和导线间,导线和接地体间,导线和大地、建筑物、被跨越的电力线路、通信线路间保持足够的安全距离,保证线路安全运行。

杆塔按其在架空线路中的用途可分为直线杆、耐张杆、转角杆、终端杆、分支杆、跨越杆等。

(一)直线杆

直线杆(见图1-1)用在线路的直线段上,以支持导线、绝缘子、金具等的重量,并能承受导线的重量和水平风力载荷,但不能承受线路方向的导线张力;它的导线用线夹和悬式绝缘子串挂在横担下或用针式绝缘子固定在横担上。

图1-1 直线杆

(二)耐张杆

耐张杆(见图1-2)主要承受导线或架空地线的水平张力,同时将线路分隔成若干耐

图1-2 耐张杆

张段(耐张段长度一般不超过 2 km),以便于线路的施工和检修,并可在事故情况下限制倒杆断线的范围;它的导线用耐张线夹和耐张绝缘子串或用蝶式绝缘子等固定在电杆上,电杆两边的导线用引流线连接起来。

(三)转角杆

转角杆用在线路方向需要改变的转角处,正常情况下除承受导线等的垂直载荷和内角平分线方向的水平风力载荷外,还要承受内角平分线方向导线全部拉力的合力,在事故情况下还要能承受线路方向导线的重量,它有直线型和耐张型两种类型(见图 1-3),具体采用哪种类型可根据转角的大小来确定。

(a)直线型转角杆　　　　　　　　　(b)耐张型转角杆

图 1-3　转角杆

(四)终端杆

终端杆(见图 1-4)用在线路首末的两终端处,是耐张杆的一种,正常情况下除承受导

图 1-4　终端杆

线的重量和水平风力载荷外,还要承受顺线路方向导线全部拉力的合力。

(五)分支杆

分支杆(见图 1-5)用在分支线(简称支线)与主配电线路的连接处,在主干线方向上它可以是直线型或耐张型杆,在分支线方向上它则是终端杆;分支杆除承受直线杆所承受的载荷外,还要承受分支导线等的垂直载荷与水平风力载荷,以及分支方向导线全部拉力。

图 1-5 分支杆

(六)跨越杆

跨越杆用在跨越公路、铁路、河流和其他电力线等大跨越的地方;为保证导线具有必要的悬挂高度,一般要加高电杆;为加强线路安全,保证足够的强度,还需要加装拉线。

跨越杆按材料可分为砼杆(水泥杆)、铁塔和木杆三种,如图 1-6 所示。

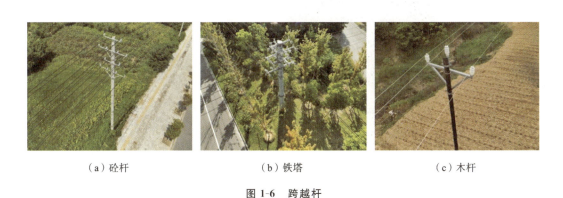

(a)砼杆 (b)铁塔 (c)木杆

图 1-6 跨越杆

1. 砼杆

砼杆具有一定的耐腐蚀性,使用寿命较长,易于维护。与铁塔相比造价低,但运输比较困难,在运输、装卸及安装过程中如有不慎,容易产生裂缝。

2. 铁塔

铁塔是用型钢或钢管组装成的立体桁架,可根据工程需要做成各种高度和不同形式的铁塔。铁塔分为型钢塔(如角钢塔)和钢管塔。

3. 木杆

木杆强度低、寿命短、易腐蚀、维护不便、受木材资源限制,在中国已经被淘汰。

二、导线

导线是用于传导电流、输送电能的元件,其通过绝缘子固定在杆塔上。导线应有良好的导电性能、足够的机械强度,以及较好的耐震、抗腐蚀性能。

配电网的导线包括架空绝缘导线和常用裸导线。

(一)架空绝缘导线

配电网架空绝缘导线(简称绝缘导线)是在导线外围均匀而密封地包裹一层不导电的材料,如:交联聚乙烯、聚乙烯、高密度聚乙烯、聚氯乙烯等,形成绝缘层,防止导电体与外界接触造成漏电、短路、触电等事故发生的电线。适用于城市人口密集地区,线路走廊狭窄、线路与建筑物的间距不能满足安全要求的地区,以及风景绿化区、林带区、污秽严重的地区等,随着城市发展,实施架空配电线路绝缘化是配电网发展的必然趋势。

架空绝缘导线结构示例如图1-7所示。

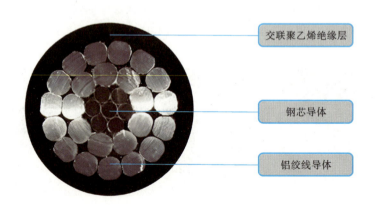

图1-7 架空绝缘导线结构示例

架空绝缘导线常用型号如下。

(1) JKLYJ:架空铝芯交联聚乙烯绝缘导线(主要技术参数见表1-1)。

表 1-1　常用 10 kV JKYJ/JKLYJ 主要技术参数

导体标称截面面积 (mm²)	导体参考直径 (mm)	导体屏蔽层最小厚度 (mm)	绝缘层标称厚度(mm)		20 ℃导体电阻（不大于，Ω/km）			导线拉断力（不小于，N）		允许载流量（A）	
			薄绝缘	普通	硬铜芯	软铜芯	铝芯	硬铜芯	铝芯	硬铜芯	铝芯
35	7.0	0.5	2.5	3.4	0.540	0.524	0.868	11731	5177	192	149
50	8.3	0.5	2.5	3.4	0.399	0.387	0.641	16502	7011	232	180
70	10.0	0.5	2.5	3.4	0.276	0.268	0.443	23461	10354	291	226
95	11.6	0.6	2.5	3.4	0.199	0.193	0.320	31759	13727	357	276
120	13.0	0.6	2.5	3.4	0.158	0.153	0.253	39911	17339	413	320
150	14.6	0.6	2.5	3.4	0.128	—	0.206	49505	21003	473	366
185	16.2	0.6	2.5	3.4	0.102	—	0.164	61846	26732	545	423
240	18.4	0.6	2.5	3.4	0.078	—	0.125	79823	34679	647	503
300	20.6	0.6	2.5	3.4	0.062	—	0.100	99788	43349	749	583

（2）JKLGYJ：架空钢芯铝绞线交联聚乙烯绝缘导线（主要技术参数见表 1-2）。

表 1-2　常用 10 kV JKLGYJ 主要技术参数

铝/钢标称截面面积 (mm²)	导体参考直径 (mm)	导体屏蔽层最小厚度 (mm)	绝缘层标称厚度 (mm)	20 ℃导体电阻（不大于，Ω/km）	导线拉断力（不小于，N）	允许载流量（A）
50/8	9.1	0.8	3.4	0.641	16320	195
70/10	10.9	0.8	3.4	0.443	22220	245
95/15	12.9	0.8	3.4	0.320	33250	300
120/20	14.4	0.8	3.4	0.253	38950	350
150/25	16.1	0.8	3.4	0.206	51400	400
185/30	17.8	0.8	3.4	0.164	61100	460
240/40	20.3	0.8	3.4	0.125	79200	550

（3）JKYJ：架空铜芯交联聚乙烯绝缘导线。

其中，JK 代表架空，L 代表铝芯，无 L 代表铜芯，YJ 代表交联聚乙烯绝缘，G 代表钢芯。

（二）常用裸导线

裸导线没有绝缘层，散热好，可输送较大电流。常用的有裸铝导线（LJ）、钢芯铝绞线（LGJ）两种。一般用于中压线路，低压线路已较少采用裸导线，裸导线结构示例如图 1-8 所示。

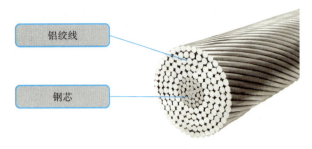

图 1-8 裸导线结构示例

1. 裸铝导线

铝的导电性强,但由于铝的机械强度较低,铝线的耐腐蚀能力差,所以,裸铝导线不宜架设在化工区和沿海地区,一般多用在中、低压配电线路中,而且档距一般不超过 100 m,常用 10 kV 裸铝导线主要技术参数如表 1-3 所示。

表 1-3 常用 10 kV 裸铝导线主要技术参数

标称截面面积(mm²)	导体结构(根数/直径,根/mm)	计算外径(mm)	计算拉断力(N)	计算面积(mm²)	计算重量(kg/km)	交货长度(m)	20 ℃直流电阻(不大于,Ω/km)	连续载流量(A)
10	7/1.35	4.05	1950	10.02	27.1	4000	2.8633	70
16	7/1.70	5.10	4380	16.00	43.8	4000	1.802	111
25	7/2.15	6.45	4500	25.41	68.4	3000	1.127	147
35	7/2.50	7.50	6010	34.36	94.0	2000	0.8332	180
50	7/3.00	9.00	8410	49.48	135.3	1500	0.5786	227
70	7/3.60	10.80	14000	71.25	194.9	1250	0.4018	284
95	7/4.16	12.48	15220	95.14	260.2	1000	0.3009	338
120	19/2.85	14.25	20610	121.21	333.2	1500	0.2373	390
150	19/3.15	15.75	24430	148.07	407.0	1250	0.1943	454
185	19/3.50	17.50	30160	182.80	503.0	1000	0.1574	518
210	19/3.75	18.75	33580	209.85	576.8	1000	0.1371	575
240	19/4.00	20.00	38200	238.76	656.3	1000	0.1205	610

2. 钢芯铝绞线

钢芯铝绞线充分利用了钢的机械强度高和铝的导电性能好的特点,其结构特点是外部几层铝绞线包裹着内芯的 1 股或 7 股的钢丝或钢绞线,使得钢芯不受大气中有害气体的侵蚀。钢芯铝绞线由钢芯承担主要的机械应力,而由铝绞线承担输送电能的任务,而且因铝绞线分布在导线的外层,可减小交流电流产生的集肤效应(趋肤效应),提高铝绞线的利用率。钢芯铝绞线广泛应用在高压输电线路或大跨越档距配电线路中。

常用 10 kV 钢芯铝绞线主要技术参数如表 1-4 所示。

表 1-4 常用 10 kV 钢芯铝绞线主要技术参数

铝/钢标称截面面积 (mm^2)	导体结构 (根数/直径,根/mm)		计算外径 (mm)	计算拉断力 (N)	计算面积 (mm^2)		计算重量 (kg/km)	交货长度 (m)	20 ℃ 直流电阻(不大于, Ω/km)	连续载流量 (A)
	铝	钢			铝	钢				
16/3	6/1.85	1/1.85	5.55	6130	16.13	2.69	65.1	3000	1.779	111
25/4	6/2.32	1/2.32	6.96	9130	25.36	4.23	100.9	3000	1.131	147
35/6	6/2.72	1/2.72	8.16	12550	34.86	5.81	140.8	3000	0.8230	180
50/8	6/3.20	1/3.20	9.60	16810	48.25	8.04	194.8	2000	0.5946	227
70/10	6/3.80	1/3.80	11.40	23360	68.05	11.34	274.8	2000	0.4217	287
95/15	26/2.15	7/1.67	13.61	34930	94.39	15.33	380.2	2000	0.3058	338
120/20	26/2.38	7/1.85	15.07	42260	115.67	18.82	466.1	2000	0.2496	390
150/35	30/2.50	7/2.50	17.50	64940	147.26	34.36	675.0	2000	0.1962	454
185/25	24/3.15	7/2.10	18.90	59230	187.04	24.25	704.9	2000	0.1542	518
240/30	24/3.60	7/2.40	21.60	75190	244.29	31.67	920.7	2000	0.1181	610

架空绝缘导线的造价高于裸导线,中压架空绝缘线路受雷击后易发生断线事故,故中压架空绝缘线路宜增设防雷击断线设备(如线路避雷器、放电间隙避雷器等)。

三、金具

在架空配电线路中,用于连接、紧固导线的金属器具,具备导电、承载、固定功能的金属构件,统称为金具。金具按其性能和用途可分为悬吊金具(悬垂线夹)、耐张金具(耐张线夹)、接触金具、连接金具、接续金具、拉线金具和防护金具等。各类金具图例如表 1-5 所示。

表 1-5 金具图例

名 称	图 例
悬垂线夹	
楔形耐张金具	

续表

名　称	图　例
螺栓型耐张金具	
拉线楔形 UT 耐张金具	
压缩型设备端子	
螺栓型铜铝过渡设备线夹	
螺栓型铝设备线夹	
平行挂板	

续表

名　　称	图　　例
U 形挂环	
球头挂环	
碗头挂板	
直角挂板	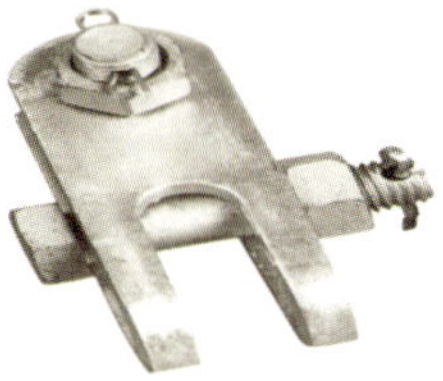
异径并沟线夹	 
穿刺线夹	

（一）悬吊金具

悬吊金具的用途是把导线悬挂、固定在直线杆悬式绝缘子串上，其外挂板采用热镀锌钢板或不锈钢板制造。

（二）耐张金具

耐张金具的用途是把导线固定在耐张杆、转角杆、终端杆悬式绝缘子串上，按结构和安装条件可分为以下几种等。

1. 楔形耐张金具

楔形（绝缘）耐张金具适用于额定电压 10 kV 及以下架空绝缘导线的终端或耐张段两端的绝缘子串。

2. 螺栓型耐张金具

螺栓型耐张金具的本体和压板可由可锻铸铁制造，适用于 20 kV 及以下架空线路，在耐张杆上固定裸导线或架空绝缘导线，其造价低，因此被广泛应用。

3. 拉线楔形耐张金具与拉线楔形 UT 耐张金具（可调线夹）

这两种线夹主要用于安装拉线、避雷线。楔体、楔子采用黑心可锻铸铁制造，U 形螺栓采用强度不低于 Q235 钢的材料制造。

（三）接触金具

1. 压缩型设备端子

压缩型设备端子一般采用液压施工方法，其有良好的电气接触性能，适用于永久性接续，适用于常规导线或电缆终端头。端子板一般不在制造厂配钻，而在安装时现场配钻，如果接续设备有明确统一的规定，则应在制造厂配钻。

2. 螺栓型设备线夹

常用电气设备的出线端子有铜质和铝质两类，而引出线多为铝绞线或钢芯铝绞线，故螺栓型设备线夹又分为铜设备线夹、铝设备线夹和铜铝过渡设备线夹三个系列。

（四）连接金具

连接金具主要用于耐张线夹、悬式绝缘子、横担之间的连接，有悬式绝缘子、U 形挂环、平行挂板的组合，也有悬式绝缘子、直角挂板、球头挂环、碗头挂板的组合。所有由黑色金属制造的连接金具及紧固件均应热镀锌。

1. 平行挂板

平行挂板用于悬式绝缘子的连接，以及单板与单板、单板与双板的连接，其仅能改变组件的长度，而不能改变连接方向。

2. U形挂环

U形挂环用圆钢锻制而成,用途较广,可以单独使用,也可以两个串装使用。

3. 球头挂环

球头挂环的钢脚用来与悬式绝缘子上端钢帽的窝进行连接。

4. 碗头挂板

碗头挂板的碗头侧用来连接悬式绝缘子下端的钢脚(又称球头),挂板侧一般用来连接耐张线夹等。

5. 直角挂板

直角挂板的连接方向互成直角,一般采用中厚度钢板经冲压弯曲而成。

(五)接续金具

1. 异径并沟线夹

适用于中小截面的裸导线、去掉绝缘层的绝缘导线在不承受全张力的位置上的连接,可接续等径或异径导线。

2. 穿刺线夹(穿刺验电接地环)

适用于绝缘导线的带电作业施工,有利于绝缘防护。一般配置扭力螺母,扭断螺母则紧固到位。

四、横担

横担用于支持绝缘子、导线及柱上配电设备,令导线间有足够的安全距离。因此,横担要有一定的强度和长度。横担按材质不同可分为铁横担(见图1-9(a))、陶瓷横担(见图1-9(b))和木横担等。

(一)铁横担

铁横担一般采用等边角钢制成,要求热镀锌,锌层不小于60 μm,因其为型钢,造价较低,并便于加工,所以使用最为广泛,一般与抱箍组合使用。

(二)陶瓷横担

陶瓷横担可代替铁横担、木横担,以及针式绝缘子、悬式绝缘子等用于绝缘和固定导线。其优点是能节省钢材或木材,在相同的条件下,使用陶瓷横担可以降低线路造价,但陶瓷横担机械强度较低,易出现折断事故。

(三)木横担

木横担按断面形状可分为圆横担和方横担两种,木横担现在已不常用。

(a)铁横担

(b)陶瓷横担

图 1-9　横担

五、绝缘子

架空配电线路常用的绝缘子有针式绝缘子(见图 1-10(a))、柱式绝缘子(见图 1-10(b))、悬式绝缘子(见图 1-10(c))、蝴蝶式绝缘子(又称蘑菇瓶)、棒式绝缘子、拉线绝缘子、陶瓷横担绝缘子等。低压线路用的低压瓷瓶有针式和蝴蝶式两种。

(a)针式绝缘子　　　　　　(b)柱式绝缘子　　　(c)悬式绝缘子

图 1-10　绝缘子

(一)针式绝缘子

针式绝缘子主要用于在直线杆和角度较小的转角杆上支持导线,分为高压、低压两种。针式绝缘子的支持钢脚用混凝土浇装在瓷件内,形成"瓷包铁"内浇装结构。

（二）柱式绝缘子

柱式绝缘子俗称针瓶，柱式绝缘子的用途与针式绝缘子的基本相同。柱式绝缘子的绝缘瓷件浇装在底座铁靴内，形成"铁包瓷"外浇装结构。采用柱式绝缘子时，转角杆的导线角度不能过大，侧向力不能超过柱式绝缘子的允许抗弯强度。

（三）悬式绝缘子

悬式绝缘子俗称悬瓶，悬式绝缘子主要用于架空配电线路耐张杆，一般低压线路采用一片悬式绝缘子悬挂导线，10 kV 线路采用两片悬式绝缘子组成绝缘子串悬挂导线。

六、拉线

拉线的作用是平衡导线、避雷线的张力，保证杆塔的稳定性，一般用于终端杆、转角杆、跨越杆。为避免线路受强大风力的破坏或在土质松软地区为了增加电杆的稳定性，预防电杆受侧向力，直线电杆应视情况加装拉线。

拉线材料一般用镀锌钢绞线。拉线上部与拉线抱箍连接，下部通过可调节的拉线金具与埋入地下的拉线棒、拉线盘连接。

拉线塔是指在塔头或塔身上安装对称拉线以稳固支撑的杆塔，杆塔本身只承担垂直压力。这种杆塔可节约近 40% 的钢材，但是拉线分布多会占地，对农林业的机耕不利，使用范围受到限制。由于拉线塔机械性能良好，能抗风暴袭击和线路断线的冲击，结构稳定，因此电压越高的线路应用拉线塔越多。

七、10 kV 配电变压器

配电变压器，简称"配变"，指用于配电系统中根据电磁感应定律变换交流电压和电流而传输交流电能的一种静止电器。中国的变压器产品按电压等级一般可分为特高压（750 kV 及以上）变压器、超高压（500 kV）变压器、110 kV 至 220 kV 变压器、35 kV 及以下变压器。配电变压器通常是指运行在配电网中电压等级为 10 kV 至 35 kV、容量为 6300 kV·A 及以下直接向终端用户供电的电力变压器。

配电变压器是一种静止的电气设备，是用来将某一数值的交流电压（电流）变成频率相同的另一种或几种数值不同的电压（电流）的设备。当一次绕组通以交流电时，会产生交变的磁通，交变的磁通通过铁芯导磁作用，在二次绕组中感应出交流电动势。二次感应电动势（电压）与一二次绕组匝数有关。其主要作用是传输电能，因此，额定容量是它的主要参数。额定容量是一个用于表现功率的惯用值，它表征传输电能的大小，以 kV·A 或 MV·A 表示，当对配电变压器施加额定电压时，根据它来确定在规定条件下不超过温升限值的额定电流。较为节能的电力变压器是非晶合金铁芯配电变压器，其最大的优点是空载损耗值特别低。最终能否确保空载损耗值达标,是整个设计过程中需要考虑的核心问题。在布置产品结构时,除要考虑非晶合金铁芯本身不受外力的作用外,还要在计算时精确合理选取非晶合金的特性参数。

按照铁芯和绕组的绝缘方式不同,配电变压器可分为油浸式配电变压器和干式配电变压器。

(一)油浸式配电变压器

油浸式配电变压器结构图如图 1-11 所示,为了加强绝缘和冷却条件,变压器的铁芯和绕组都一起浸入灌满了变压器油的油箱中。

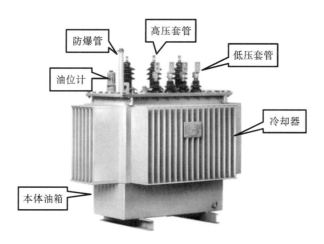

图 1-11 油浸式配电变压器结构图

(二)干式配电变压器

干式配电变压器结构图如图 1-12 所示,其电气强度高,机械强度高,具有较好的过负荷运行能力,具有难燃性和自熄性,电能损耗低,噪声低,体积小,重量轻,安装简单,可免去日常维护工作等。

为满足防火要求,民用或公共建筑物内的变压器应选用干式配电变压器,独立建设的配电站内的变压器宜选用油浸式配电变压器,户外台架上的变压器应选用油浸式配电变压器。配电变压器实物图及柱上配电变压器示意图如图 1-13 所示。

八、10 kV 户外柱上开关

10 kV 户外柱上开关主要包括柱上断路器和柱上负荷开关。

柱上开关常用作 10 kV 架空线路的主干线开关、分支线的分段开关,用以缩小停电检修的范围。

第一章 配电网介绍

（一）柱上断路器

主要用于配电线路区间分段投切、控制、保护，能开断、关合短路电流。

1. 油浸断路器

油浸断路器是早期的产品，因开断能力差、易燃、易渗漏、易酿成二次事故而趋于淘汰。

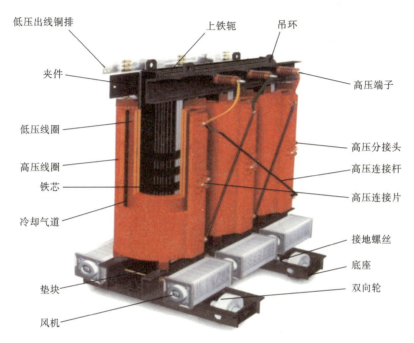

图 1-12　干式配电变压器结构图

（a）配电变压器实物图

图 1-13　配电变压器实物图及柱上配电变压器示意图

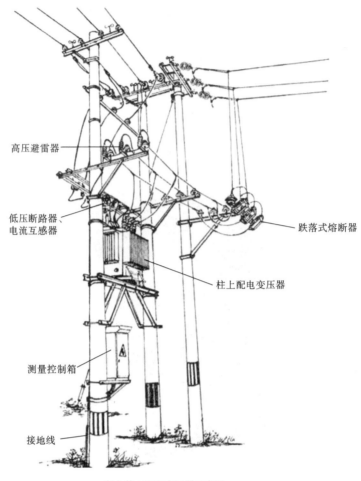

(b）柱上配电变压器示意图

续图 1-13

2. 真空断路器

真空断路器有箱式、柱式两种，额定电流常为 400 A、630 A，就额定电流而言，两者之间价格相差不大，额定开断短路电流为 12.5 kA、16 kA 或 20 kA，额定电流开断次数大于 10000 次，额定开断短路电流开断次数为 30～50 次，能频繁操作。按相对地绝缘介质来分又可分为油浸绝缘真空断路器、空气绝缘真空断路器、SF_6 绝缘真空断路器。

3. SF_6 断路器

SF_6 断路器的额定电流为 400 A、630 A，额定开断短路电流一般达 12.5 kA，有的厂家已生产出 16 kA 的产品，额定电流开断次数大于 10000 次，额定开断短路电流开断次数为 30～50 次，适用于需要频繁操作的场合。

一二次融合柱上断路器实物图如图 1-14（a）所示，柱上断路器结构图如图 1-14（b）所示。

(a)一二次融合柱上断路器实物图

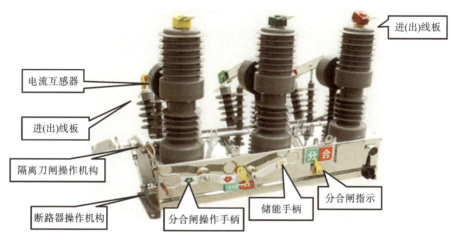

(b)柱上断路器结构图

图 1-14 柱上断路器

(二)柱上负荷开关

具有承载、分合额定电流的能力,但不能开断短路电流,主要用于线路的分段和故障隔离。

1. 产气式负荷开关

产气式负荷开关是利用由固体产气材料组成的狭缝在电弧作用下产生大量气体来灭弧的,因结构简单、成本低廉,其一度被广泛推广使用。

2. 真空、SF_6 负荷开关

与真空、SF_6 断路器的外形和参数相似,区别在于负荷开关不配保护 CT,不能开断短路电流,但可以承受短路电流、关合短路电流。真空、SF_6 负荷开关寿命长,可免维护,额定电流开断次数大于 10000 次,适用于需要频繁操作的场合。

柱上负荷开关结构图如图 1-15 所示。

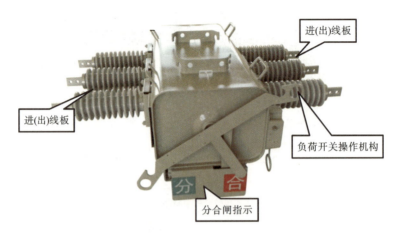

图 1-15　柱上负荷开关结构图

九、10 kV 柱上隔离开关

柱上隔离开关（刀闸）主要用于隔离电路，在分闸状态下有明显断口，便于线路检修、运行方式重构，其有三极联动、单极操作两种形式。柱上隔离开关一般配合柱上断路器、柱上负荷开关及跌落式熔断器使用，其被拉开后可以形成明显的断开点。柱上隔离开关实物图如图 1-16 所示。

图 1-16　柱上隔离开关实物图

十、10 kV 跌落式熔断器

跌落式熔断器是 10 kV 配电线路分支线和配电变压器最常用的一种短路保护开关，其结构图如图 1-17 所示。

跌落式熔断器安装在 10 kV 配电线路分支线上，可缩小停电范围，其有一个明显的

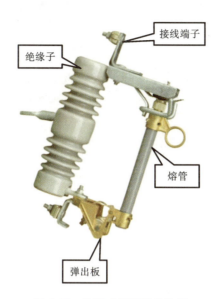

图 1-17 跌落式熔断器结构图

断开点,具备隔离开关的功能,可为检修段线路和设备创造一个安全的作业环境。

10 kV 跌落式熔断器可装在杆上变压器高压侧、互感器和电容器与线路连接处,提供过载和短路保护,也可装在长线路末端或分支线上,对继电保护装置保护不到的范围提供保护。

跌落式熔断器结构简单、价格便宜、维护方便、体积小巧,在配电网中应用广泛。其工作原理是:将熔丝穿过熔管,拧紧两端,正常时,靠熔丝的张力使熔管上动触头与上静触头可靠接触,故障时,熔丝熔断,形成电弧,熔管内产生大量气体,使电弧拉长并熄灭,同时失去熔丝拉力,在重力作用下,熔管向下跌落,切断电路,形成明显的断开距离。

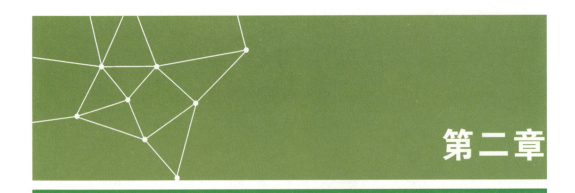

第二章

无人机巡检系统组成

第一节　无人机平台

根据无人机设备的结构、动力原理等，一般可将无人机平台分为固定翼平台、垂直起降固定翼平台、旋翼平台和其他小种类无人机平台。

一、固定翼平台

固定翼平台即固定翼航空器（飞行器），即日常生活中提到的"飞机"，其由动力装置产生前进的推力或拉力，由机身上固定的机翼产生升力，其是在大气层内飞行的重于空气的航空器，实物如图 2-1 所示。

图 2-1　固定翼平台

大部分固定翼平台的结构包含机身、机翼、尾翼、起落架等,如图 2-2 所示。

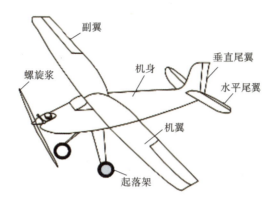

图 2-2　固定翼平台通用结构

二、垂直起降固定翼平台

垂直起降固定翼平台是一种重于空气的无人机,垂直起降通过与直升机等相似的起降方式或直接推力方式实现,水平飞行由固定翼飞行方式实现,且垂直起降与水平飞行模式可在空中自由转换,实物如图 2-3 所示。

图 2-3　垂直起降固定翼平台

三、旋翼平台

旋翼平台即旋翼航空器,它是一种重于空气的航空器,其在空中飞行的升力由一个或多个旋翼与空气进行相对运动的反作用提供。现代旋翼航空器通常包括直升机、旋翼机和变模态旋翼机三种类型。旋翼航空器因为其名称常与旋翼机混淆，实际上旋翼机的全称为自转旋翼机，是旋翼航空器的一种。

（一）直升机

直升机是一种由一个或多个水平旋转的旋翼提供升力和推力而进行飞行的航空器。直升机具有大多数固定翼航空器所不具备的垂直升降、悬停、小速度向前或向后飞行的功能，这使得直升机在很多场合能大显身手。直升机与固定翼航空器相比，其弱点是速度慢、耗油量较高、航程较短，实物如图 2-4 所示。

图 2-4 直升机

多轴飞行器（多旋翼无人机平台）是一种具有三个及以上旋翼轴的特殊的直升机。其每个轴上的电机转动，带动旋翼，从而产生升力与推力。旋翼的总距固定，而不像一般直升机那样可变。通过改变不同旋翼之间的相对转速，可以改变单轴推力的大小，从而控制飞行器的运行轨迹。四旋翼无人机平台如图 2-5 所示。

（二）自转旋翼机

自转旋翼机简称旋翼机或自旋翼机，是旋翼航空器的一种。它的旋翼没有动力装置驱动，仅依靠前进时的相对气流吹动旋翼自转以产生升力。旋翼机大多由独立的推进或拉进螺旋桨提供前飞动力，用尾舵控制方向。旋翼机必须像固定翼航空器那样滑跑加速才能起飞，少数安装有跳飞装置的旋翼机能够原地跳跃起飞，但旋翼机不能像直升机那样进行稳定的垂直起降和悬停。与直升机相比，旋翼机的结构简单、造价低廉、安全性较好，一般用于通用航空或运动类飞行，实物如图 2-6 所示。

图 2-5 四旋翼无人机平台

图 2-6 自转旋翼机

四、其他小种类无人机平台

其他小种类无人机平台主要包括伞翼无人机、扑翼无人机等。

(一)伞翼无人机

伞翼无人机(见图 2-7)是一种具有独特构造的飞行器,其机翼由巨大的伞状结构组成。这种无人机的优点在于成本低、构造简单和灵活性高,这使其适用于各种不同的应用场景。伞翼无人机的飞行原理与固定翼平台不同,它通过改变机翼的形状和大小来控制飞行速度和高度。

图 2-7 伞翼无人机

(二)扑翼无人机

扑翼无人机(见图 2-8)是一种具有仿生学特点的飞行器,其机翼可以像鸟类一样进行上下扑动,从而产生升力。这种无人机的优点在于机动性和灵活性强,这使其非常适用于近距离侦察和作战任务。扑翼无人机的飞行原理与传统无人机的不同,它通过模仿鸟类的飞行方式来控制飞行速度和高度。

图 2-8 扑翼无人机

五、无人机巡检系统工作原理

多旋翼无人机平台体积小,便于运输,操作简单,飞行稳定性好,适用于电力巡检,多旋翼无人机巡检系统组成包括：飞行器平台、动力系统、飞控系统、链路系统、任务设备、地面站,如图 2-9 所示。

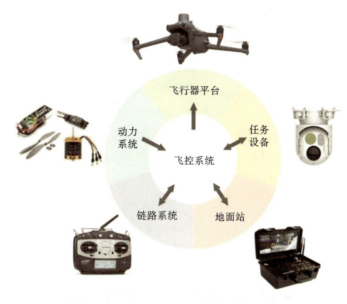

图 2-9　多旋翼无人机巡检系统

第二节　动力系统

一、电动动力系统

目前多旋翼无人机巡检系统(简称多旋翼无人机)普遍使用的是电动动力系统。电动动力系统主要由动力电机、动力电源、调速系统及螺旋桨四部分组成。电动动力系统构成及作用如图 2-10 所示。

其工作原理为:动力电源为调速系统提供电能,调速系统一方面为动力电机提供电能,另一方面还能对电机的转速进行调节,而动力电机则为螺旋桨的旋转提供动力,最终获得飞行所需的升力。

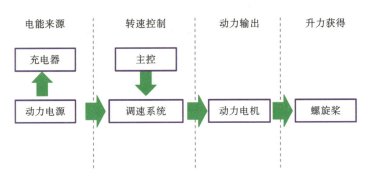

图 2-10　电动动力系统构成及作用

（一）动力电机

无人机使用的动力电机可以分为两类：有刷电机和无刷电机。其中，有刷电机由于效率较低，在无人机领域已逐渐被淘汰。多旋翼无人机常用的是三相外转子无刷电机，外转子无刷电机是随着半导体电子技术发展而出现的新型机电一体化电机，它是现代电子技术、控制理论和电机技术相结合的产物。

1. 构成

无刷电机总体由转子与定子共同构成，转子是指电机中旋转的部分，包括转轴等；定子主要由硅钢片、漆包线、轴承等构成，如图 2-11 所示。

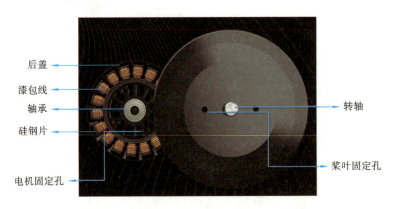

图 2-11　无刷电机的构成

2. 基本参数

1）工作电压

无刷电机使用的工作电压较宽，但在限定了其负载设备的前提下，会给出其适合的工作电压，当整机系统电压高于额定工作电压时，电机会处于超负荷状态，将有可能导致电机过热乃至烧毁；当整机系统电压低于额定工作电压时，电机会处于低负荷状态，电机功率较低，将有可能无法保障整个系统的正常工作。

2）KV 值

KV 值是指无刷电机工作电压每提升 1 V 时所增加的空载转速。无刷电机引入了 KV 值的概念，能够使我们了解到电机在不同的工作电压下所产生的空载转速。计算公式为

$$KV 值 \times 工作电压 = 空载转速$$

例如，某电机的 KV 值为 130 r/(min·V)，其工作电压为 50.4 V，则可知其空载转速为

$$130 \text{ r/(min·V)} \times 50.4 \text{ V} = 6552 \text{ RPM}$$

其中，RPM 的含义为"r/min"。

3）最大功率

指电机能够安全工作的最大功率，电机的功率反映了其对外的输出能力，功率越大的电机输出能力越强。计算公式为

$$最大功率 = 工作电压 \times 最大工作电流$$

例如，某电机的工作电压为 11.1 V，其最大工作电流为 20 A，则可知其最大功率为

$$11.1 \text{ V} \times 20 \text{ A} = 222 \text{ W}$$

无刷电机不可超过最大功率使用，如果其长期处于超过最大功率的状态，电机将会过热乃至烧毁。

4）电机尺寸

多旋翼无人机采用的无刷电机多通过定子直径和高度来定义电机的尺寸，例如某无人机采用的是 6010 电机，则表示其电机定子直径为 60 mm，高度为 10 mm。

5）最大推力

指电机在最大功率下所能产生的最大推力，其直接反映了电机的功率水平。多旋翼无人机要求其所有电机总推力必须大于机身自重一定比例，才能保障无人机的飞行性能和飞行安全，这个比例我们称之为推重比。多旋翼无人机的推重比必须大于1，常见的为 1.6~2.5，推重比反映了无人机动力冗余的情况，过低的推重比会降低多旋翼无人机的飞行性能及抗风性。在一定范围内，推重比越低，说明电机的工作强度越高，电机工作效率越低。

6）内阻

电机线圈本身的内阻很小，但由于电机的工作电流可以达到几十安、上百安，所以内阻仍然会产生很多的热量，从而降低电机效率。多旋翼无人机使用的无刷电机转速相对较低，电流频率也低，可以忽略电流的趋肤效应，应尽量选择粗线绕制的无刷电机，相同 KV 值下，电机漆包线直径越粗，内阻越小，系统效率越高，并且可以更好地散热。

（二）动力电源

动力电源主要为电机的运转提供电能。通常采用化学电池来作为无人机的动力电源，动力电源主要有镍氢电池、镍镉电池、锂聚合物电池、动力锂电池等。其中，前两种电

池因重量重、能量密度低,现已基本上被锂聚合物电池所取代。

锂聚合物电池(Li-polymer battery)是一种能量密度高、放电电流大的新型电池。锂聚合物电池的充电和放电过程,就是锂离子的脱离和嵌入过程,充电时锂离子由负极脱离嵌入正极,而在放电时,锂离子脱离正极嵌入负极。一旦锂聚合物电池放电时导致电压过低或者充电时导致电压过高,正负极的结构将会发生坍塌,导致锂聚合物电池受到不可逆的损伤。单片锂聚合物电池内部结构如图2-12所示。

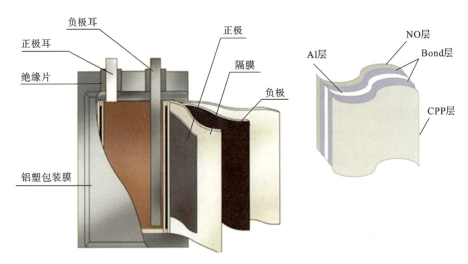

图2-12 单片锂聚合物电池内部结构

随着无人机巡检技术的发展,智能电池越来越多地出现在人们的视野中,目前部分无人机所使用的智能电池如图2-13所示,其具备电量显示、寿命显示、电池存储自放电保护、均衡充电保护、过充电保护、充电温度保护、充电过流保护、过放电保护、短路保护、电芯损坏检测、电池历史记录、休眠保护、通信等十三项功能。其中,有的功能可以直接通过电池上的LED灯体现,有的则需要配合移动设备的APP来实现,APP上会实时显示剩余的电池电量,系统会自动分析并计算返航和降落所需的电量和时间,免除作业人员时刻担忧电量不足的困扰。智能电池会显示每块电芯的电压、总充放电次数,以及整块电池的健康状态等。

电芯的标称电压为3.7 V,安全充电最高电压为4.2 V,高于此电压持续充电将会对电池性能造成损伤,放电后的保护电压为3.6 V,存储电压一般为3.8～3.85 V。随着电池技术的发展,出现了高压版智能电池(见图2-14),锂聚合物电池的安全充电最高电压也由4.2 V升至4.35 V。

平衡充电器是为动力锂电池进行平衡充电的设备,如图2-15所示,区别于一般电池(例如镍氢电池和镍镉电池)普遍采用的仅串充的充电方式,平衡充电器对电池进行平衡充电,锂电池的平衡头就是为了进行平衡充电而设的接口。锂电池对过放电敏感性强,一旦在使用中各片锂电池电芯电压不平衡,就会产生低电压电芯过放电的风险。

图 2-13 智能电池

图 2-14 高压版智能电池

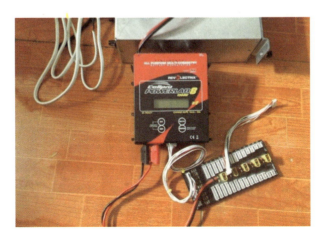

图 2-15 平衡充电器及其对应电池的平衡充电头

（三）调速系统

动力电机的调速系统称为电调，全称为电子调速器，简称 ESC。根据动力电机不同，可分为有刷电调和无刷电调，它根据控制信号调节电机的转速。无刷电调由电调主体、输出端、信号输入线、电源输入线等构成，如图 2-16 所示。

无刷电调的主要参数如下。

1）使用电压

指电调所能使用的电压区间，电调的电压必须在指定范围内，否则将不能正常工作。

2）持续工作电流

指电调可以持续工作的电流，超过该电流可能导致电调过热烧毁。如图 2-17 所示，该款电调的持续工作电流为 20 A，那么该电调工作时的电流必须在 20 A 以内。

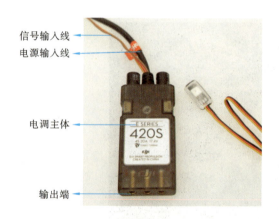

图 2-16　无刷电调的基本构成

图 2-17　某无刷电调的使用参数

（四）螺旋桨

螺旋桨将电机的旋转功率转变为无人机的动力，是整个动力系统的最终执行部件。螺旋桨的性能会对无人机的飞行效率产生十分重要的影响，其直接影响了无人机的续航时间。螺旋桨构造图如图 2-18 所示。

螺旋桨的分类方式如下。

1）按材质分

按材质进行分类可分为碳纤维螺旋桨、木质螺旋桨、塑料螺旋桨。碳纤维螺旋桨强度高、重量轻、寿命较长，碳纤维是螺旋桨最好的材料之一，但是其价格也是最贵的。木质螺旋桨强度高、性能较好，价格也较高，主要应用于较大型无人机。塑料螺旋桨性能一般，

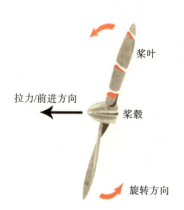

图 2-18　螺旋桨构造图

但是其价格便宜,所以在小型多旋翼无人机中得到了大量的应用。

2)按结构分

按结构进行分类可分为折叠桨与非折叠桨。非折叠桨的结构为整体一体成型,而折叠桨左右两侧的桨叶是分开的并可以进行折叠。折叠桨的设计初衷主要是使螺旋桨便于折叠,以方便无人机的运输。不同材质与结构的桨叶如图 2-19 所示。

图 2-19 不同材质与结构的桨叶

3)按桨叶数分

螺旋桨的桨叶数增多,其最大拉力会增大,但效率会降低。单叶桨一般用于高效率竞速机,可避免碰到前叶的尾流,效率最高,但另一端要配平。双叶桨是最常见的桨,效率高,并且容易平衡。三叶桨的效率比双叶桨的略低,其优点是在拉力相同的情况下尺寸可以做得更小。四叶桨及以上多用于仿真机或者直升机。不同桨叶数的桨如图 2-20 所示。

图 2-20 不同桨叶数的桨

二、燃油动力系统

因在一般工作中使用得比较少,在此只作简要介绍。

(一)活塞发动机

活塞发动机(见图 2-21)是一种为航空器提供飞行动力的往复式内燃机,其主要由气缸、活塞、连杆、曲轴、配气机构、机匣等组成。混合气(汽油和空气)在气缸内燃烧,膨胀做功,推动活塞往复运动,通过连杆将这种运动转变成曲轴的旋转运动,从而产生推力或拉力。

按照工作方式,其可分为二冲程活塞发动机和四冲程活塞发动机。

(二)涡轮喷气式发动机

涡轮喷气式发动机是一种涡轮发动机,其完全依赖燃气流产生推力,通常用于高速飞行器中。它主要由压缩器、燃烧室、涡轮及喷管等组成。

图 2-21 活塞发动机

第三节 飞控系统

飞控系统(简称飞控)是无人机飞行控制的核心,它由多个组成部分协同工作,以实现无人机的稳定控制、导航及任务动作。飞控系统通常由硬件设备和飞控软件两大部分组成。

目前市面上主流的飞控系统的连接示意图如图 2-22 所示。

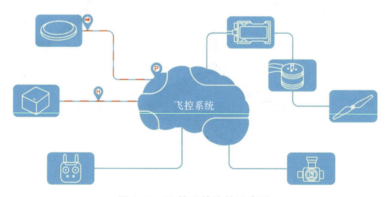

图 2-22 飞控系统连接示意图

一、硬件设备

(一)传感器

飞控系统中最基础的组成部分是传感器,这些传感器包括 GPS(见图 2-23)、气压计

(见图 2-24)、陀螺仪(见图 2-25)、指南针、磁罗盘(见图 2-26)等。它们负责采集无人机的角速率、姿态、位置、加速度、高度和空速等信息,为飞控系统提供基础数据。

图 2-23　GPS

图 2-24　气压计

图 2-25　陀螺仪

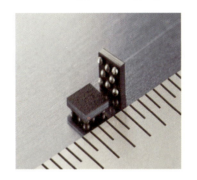

图 2-26　磁罗盘

(二) 机载计算机

机载计算机作为无人机的 CPU,是飞控系统的中枢系统,如图 2-27 所示。它负责整

图 2-27　机载计算机

个无人机姿态的运算和判断,同时操控着传感器和伺服动作设备。机载计算机通过接收来自传感器的数据,对数据进行处理和分析,然后发送指令给伺服动作设备,来控制无人机的各种飞行动作。

(三)伺服动作设备

无人机执行机构都是伺服动作设备,它是飞控系统的重要组成部分,其主要功能是根据机载计算机的指令,按规定执行动作。舵机便是一种执行机构,如图 2-28 所示。对于固定翼飞行器来说,主要通过调整机翼角度和发动机运转速度,实现对无人机的飞行控制。对于多轴飞行器来说,执行机构包括螺旋桨、电调(见图 2-29)和电机。

图 2-28 舵机

图 2-29 电调

二、飞控软件

要让飞控软件工作,需要和最底层的寄存器打交道,传统的做法是根据单片机手册正确配置各个寄存器,使其能够按照指定频率工作并驱动各个外设。除此之外,飞控软件还需要和外界进行数据交互,比如解析接收机的 PWM/PPM/SBUS 信号,输出 PWM 信号给电调,发送数据给地面站/APP,接收地面站的数据与指令。飞控系统中常用的数据通信接口有串口和 CAN 等。

三、各部件功能

(一)主控单元

主控单元是飞控系统的核心,如图 2-30 所示,负责传感器数据的融合计算,实现无人机飞行基本功能。可通过它将 IMU、GNSS、遥控接收机等设备接入飞控系统从而实现无人机的所有功能。除了辅助飞行控制以外，某些主控单元还具备记录飞行数据的黑匣子功能，同时主控单元还可通过后续固件升级获得新功能。

图 2-30　主控单元

多旋翼无人机遥控器（见图 2-31）上有三个飞行模式切换开关，对应 GPS 模式、姿态模式、RTK 模式。

图 2-31　遥控器上的飞行模式切换开关

1. GPS 模式

除了能自动保持无人机姿态平稳外，还具备精准定位的功能，在该种模式下，无人机能实现定位悬停、自动返航降落等功能。GPS 模式下，IMU、GNSS、磁罗盘、气压计全部正常工作，在没有受到外力的情况下（比如大风），无人机将一直保持当前高度和当前位置，此时的控制循环方式如图 2-32 所示。

GPS 模式下，主控单元在基于磁罗盘、IMU 和 GNSS 提供的环境数据进行指令输出后，需要对无人机输出的姿态和状态进行再监测，形成一个定位及姿态控制闭环系统，一旦无人机状态（定位信息、航向信息等）与主控单元中设定的状态不符，主控单元则可发出修正指令，对无人机进行状态修正。该模式下无人机具有比较强的稳定性。

实际上，很多无人机的高级功能都需要 GNSS 参与才能完成，如对于大部分无人机

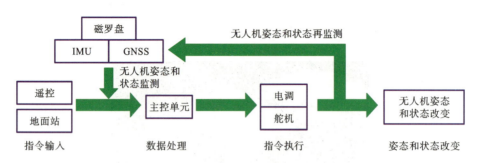

图 2-32 GPS 模式的控制循环方式

的飞控系统所支持的地面站作业及返回断航点功能,只有在 GNSS 参与的情况下,无人机才知道自己在哪,自己该去哪。

GPS 模式也是目前多旋翼无人机用得最多的飞行模式,它在遥控器上的代码通常为 P。

2. 姿态模式

能实现自动保持无人机姿态和高度,但是不能实现自主定位悬停。姿态模式的控制循环方式如图 2-33 所示。

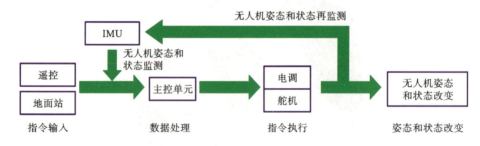

图 2-33 姿态模式的控制循环方式

姿态模式下,主控单元仅在基于 IMU 提供的环境数据进行指令输出后,对无人机实时的姿态进行监测,形成一个姿态控制闭环系统,一旦无人机姿态与主控单元中设定的姿态不符,主控单元则可发出姿态修正指令,对无人机进行姿态修正。

大部分无人机普遍工作在 GPS 模式下,姿态模式只作为应急时的飞行模式。

3. RTK 模式

RTK 模式下,基准站建在已知或未知点上,基准站接收到的卫星信号通过无线通信网实时发给用户,用户接收机将接收到的卫星信号和基准站信号进行实时联合解算,求得基准站和流动站间的坐标增量(基线向量)。RTK 模式的控制循环方式如图 2-34 所示。

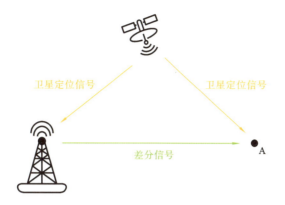

图 2-34　RTK 模式的控制循环方式

（二）惯性测量单元

内置于主控单元中的惯性测量单元如图 2-35 所示。

图 2-35　内置于主控单元中的惯性测量单元

（三）卫星定位模块

卫星定位模块用于确定无人机的方向及经纬度，实现无人机的失控保护、自动返航、精准定位悬停等功能。GPS 是由美国研制建立的一种全方位、全天候、全时段、高精度的卫星导航系统，能为全球用户提供低成本与高精度的三维位置、速度等导航信息。

具体来讲，卫星定位模块能为无人机飞控系统提供的服务有以下两个。

（1）提供经纬度，使无人机能够获得地理位置信息，从而能够实现定位悬停及规划航线。

（2）提供无人机的高度、速度等信息，对无人机提供信息支持，提高飞行稳定性。

在执行巡检作业的过程中,应注意影响卫星定位模块信号质量的因素,主要有电磁干扰、无线电干扰、强磁场干扰等。在城市中,垂直高层建筑较少存在反射面,也会导致卫星定位模块信号变弱,信号微弱会造成设备飘移。

(四)磁罗盘

磁罗盘是利用地磁场固有的指向性测量空间姿态角度的。磁罗盘在无人机当中的作用也是一样的,其负责为无人机提供方位,属于传感器。磁罗盘正常工作是无人机正常飞行的前提,所以一定要关注它的状态,并根据操作要求及时对其进行校准。地磁信号的特点是范围大,但强度较低,甚至不到1高斯(电机里面的钕铁硼磁铁磁场强度可达几千高斯),所以其非常容易受到其他磁体的干扰。具有铁磁性的物质都会对磁罗盘产生干扰,例如大块金属、高压电线、信号发射站、磁矿、停车场、带有地下钢筋的建筑等。如图2-36所示的大型钢结构厂房,其电磁信号比较复杂,在这样的位置飞行时需要谨慎留意磁罗盘的工作状态。

图 2-36　电磁信号复杂的钢结构厂房

另外,不同地区的地磁信号也会有细微差别,在南极、北极地区,磁罗盘甚至无法正常工作。所以,当使用多旋翼无人机从一个地点进入一个较远的地区时,应首先对磁罗盘进行校准,使其能够良好工作。

(五)状态指示灯模块

状态指示灯模块如图2-37所示,通过显示颜色、频率、次数等反馈无人机的飞行状态。其用于实时显示飞行状态,是无人机飞行过程中必不可少的显示设备,它能帮助操作手实时了解无人机的各项状态。

(六)电源管理模块

电源管理模块如图2-38所示,其为整个飞控系统与接收机供电。

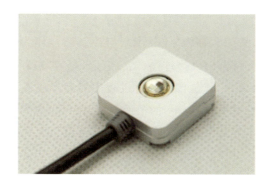

图 2-37　状态指示灯模块

图 2-38　电源管理模块

（七）数据记录模块

数据记录模块用于存储飞行数据。它可以记录无人机飞行过程中的加速度、角速度、磁罗盘数据、高度和无人机的部分操作记录。当无人机出现故障时，维护人员可对飞行数据进行分析，发现故障原因。

四、飞行任务控制

在飞行过程中有时候可能没有遥控指令的参与，这时便需要无人机自主完成飞行动作，如自动起飞、自动降落，以及失联后的自动返航等。还有许多飞行任务是无法手动完成的，需要预先编写好任务程序，进行全自动执行。以最常见的测绘为例，通常需要在地面站软件上设置好测绘区域和参数，软件将自动生成飞行航线，其中包含飞行路径、飞行速度、飞行高度和拍照间隔等信息，之后这些航线信息将会发送给飞控系统，然后飞控系统进入自动飞行模式，无人机按照航线数据实现自主飞行，同时控制相机拍照。

(一)地面站

地面站(Ground Station)也称为"任务规划与控制站",作为整个无人机系统的指挥中心,其控制内容包括:飞行器的飞行过程、飞行航迹、有效载荷与通信链路的正常工作,以及飞行器的发射和回收。控制是指在飞行过程中对整个无人机系统的各个模块进行控制,按照操作手(又称操控员、操控手)的预设要求,执行相应的动作。

地面站系统应具有以下几个典型的功能。

1. 姿态控制

地面站在传感器获得相应的无人机飞行状态信息后,通过数据链路将信息数据传输给自己。计算机处理信息,解算出控制要求,形成控制指令和控制参数,再通过数据链路将控制指令和控制参数传输到无人机上的飞控系统,实现对无人机的操控。

2. 有效载荷控制

有效载荷是无人机任务的执行单元。地面站根据任务要求实现对有效载荷的控制,并通过对有效载荷状态的显示,来实现对任务执行情况的监管。

3. 任务规划

任务规划主要包括研究任务区域地图、标定飞行路线及向操作手提供规划数据等,方便操作手实时监控无人机状态。

4. 导航和目标定位

在遇到特殊情况时,需要地面站对无人机实现实时的导航控制,使无人机按照安全的路线飞行。

(二)链路系统

链路系统是无人机系统的重要组成部分,地面站与无人机之间进行实时信息交换就需要通过通信链路来实现。地面站需要将指挥、控制及人物指令及时地传输到无人机上,无人机也需要将自身状态(飞行姿态、地面速度、空速、相对高度、设备状态、位置信息等)及相关人物与设备数据发回地面站。

对于以往的航模无人机,地面与空中的通信往往是单向的,也就是在地面进行信号发射,在空中进行信号接收并完成相应的动作,地面的部分被称为发射机,空中的部分被称为接收机,这一类无人机的链路只有一条,即遥控器上行链路。而对于多旋翼无人机,操作手不仅要能控制无人机,还需要了解无人机的飞行状态及无人机任务设备的状态,这就要求地面端能够接收多旋翼无人机端的数据,这就是常见的第二条链路——数据链路,即数传上下行链路。同时,无人机系统会回传机载摄像头拍摄的实时图像画面,方便操作手更便捷地了解此时无人机的朝向,这也就形成了第三条链路——图传链路,即图传下行链路。

1. 遥控器上行链路设备

遥控器与接收机共同构成遥控器上行链路设备,如图 2-39 所示。遥控器,也被称为发射机,负责将操作手的操作动作转换为控制信号并发射,接收机负责接收遥控信号。

图 2-39　遥控器上行链路设备

全向天线信号辐射图如图 2-40 所示,在使用遥控器时一定要展开天线,保持正确的角度,如图 2-41 所示,以获得良好的控制距离和效果。对于全向天线,信号会向四面八方发射,对于定向天线,就好像在天线后面罩了一个碗状的反射面一样,信号只能向前面传递,而射向后面的信号会被反射面挡住并反射到前方,加强前面信号的强度。所以,全向天线在通信系统中一般应用于通信距离近、覆盖范围大的场合,价格便宜,增益一般在 9 dB 以下;定向天线一般应用于通信距离远、覆盖范围小、目标密度大、频率利用率高的环境。

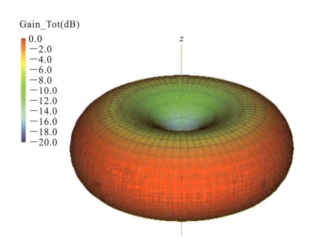

图 2-40　全向天线信号辐射图

同一个厂家的同系列产品,其遥控器与接收机是可以互相连通的,这个连通的过程就是"对频"。对频是指将发射机与接收机进行通信对接,在对频之后该接收机即可接收该发射机发射的遥控信号。具体的对频方法,各个无人机品牌互有不同。

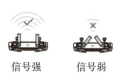  

信号强　　信号弱　　　　　　　最佳通信范围

图 2-41　遥控器天线的正确使用方式

2. 图传下行链路设备

图传下行链路设备是将无人机所拍摄到的画面传送到地面的设备。常见图传下行链路设备如图 2-42 所示，主要包括图传电台、地面端显示设备，用于实现传输可见光视频、红外影像，供无人机操作手实时操控云台转动到合适角度拍摄高清图像，同时辅助操作手实时观察无人机飞行状况。

图 2-42　常见图传下行链路设备

3. 数传上下行链路设备

数传上下行链路设备如图 2-43 所示，又可称为"无线数传电台""无线数传模块"，指能实现数据传输的模块。数传上下行链路设备一般由地面模块与机载模块组成。某些品牌的遥控器集成了数传上下行链路设备的功能，通过在地面模块与机载模块之间进行信号的发送与接收，实现遥控、遥测。

图 2-43　数传上下行链路设备

4. 5G 下的链路系统

针对配电网无人机巡检环境与 5G 通信信号覆盖前提，采用 5G 巡检无人机通过 5G 链路实现终端采集图像、视频信息实时回传和地面端远程无线距离控制。无人机搭载 5G 控制模块，5G 控制模块将飞机串口控制信号实时转换成 UDP

或 TCP 数据包,并通过 5G 基站向云端服务器进行发送。另外,远端地面站通过基站网络与云端服务器进行连接,并经过服务器与被控无人机建立链路,通过 5G 链路实现对无人机的远程无限距离控制,远程管控平台通过网络与服务器进行连接,同时可根据无人机回传数据进行无人机飞行指令控制,为前端缺陷识别提供可靠决策方案。

5G 巡检无人机在巡检系统中的应用,实现了 5G 无人机与控制台均与就近的 5G 基站连接,在云端部署边缘计算服务,实现视频、图片、控制信息直接回传,保障通信时延在毫秒级,通信带宽在 40 Mbps 以上。基于边缘计算技术与 5G 网络的 eMBB 切片技术,构建适合无人机无线传输和数据处理的网络架构,使无人机能够更加快捷地接收信息和任务指令,更好地解决数据问题,大幅提升数据处理效率,确保无人机行业应用的高可靠性和低时延性,同时也能够保证数据传输、使用、存储的安全性。5G 下的链路系统如图 2-44 所示。

图 2-44 5G 下的链路系统

第四节 任务设备

一、可见光设备

可见光设备主要由云台或吊舱、光电摄像机共同构成,云台与吊舱如图 2-45 所示。光电摄像机是可见光设备的主要设备,通过电子设备的转动、变焦和聚焦来成像,在可见光谱范围内工作,所生成的图像形式包括全活动视频、静止图片或二者的合成。云台是安装、固定摄像机的设备,作用包括隔绝机身振动以提高成像质量,并且能够降低因为机身运动幅度过大而造成的画面抖动。吊舱与云台相比转动范围大、精度高、密闭性好,高质量吊舱对加工精度要求极高,更多考虑无人机的空气动力学特性,在控制指令的驱动下,可实现对输电线路、杆塔和线路走廊的搜索与定位,同时进行监视、拍照并记录,有些吊舱还具备图像处理功能,实现对被检测设备的跟踪和凝视,取得更好的检测效果。

图 2-45　云台与吊舱

光电摄像机为地面飞行控制人员和任务操控人员提供实时图像数据,同时提供高清静态照片用于后期分析输电线路、杆塔和线路走廊的故障和缺陷。

二、红外成像设备

红外成像仪在红外电磁频谱范围内工作。红外传感器也称为前视红外传感器,利用红外线或热辐射成像。无人机采用的红外摄像机分为两类,即冷却式和非冷却式,冷却式摄像机的图像质量比非冷却式摄像机的要高。

红外成像设备的主要参数包括热灵敏度、有效焦距和分辨率。其中,热灵敏度代表设备可以分辨的最小温差,直接关系到红外成像设备测量的清晰度,热灵敏度越小,表示灵敏度越高,图像更清晰。长焦镜头可提高对远距离物体的辨识度,但会缩小视野范围;短焦镜头会扩大视野范围,但是会降低对远距离物体的辨识度。分辨率越高,成像越清晰,观看效果越好。红外成像设备及其拍摄效果如图 2-46 所示。

三、激光雷达设备

激光雷达设备利用激光束确定到目标的距离,激光指示器利用激光束照射目标。激光指示器发射不可视编码脉冲,脉冲从目标反射回来后,由接收机接收。然而,利用激光指示器照射目标的这种方法存在一定的缺点。如果大气不够透明(如雨天、阴天,以及有

图 2-46　红外成像设备及其拍摄效果

尘土或烟雾），会导致精度欠佳。此外，激光还可能被特殊涂层吸收，或不能正常反射，或根本无法发射（例如照到玻璃上）。

LiDAR 系统（见图 2-47）是一种集激光、全球定位系统（GPS）和惯性导航系统（INS）三种技术于一身的系统，用于获得数据并生成精确的 DEM。这三种技术的结合，可以高度准确地定位激光束打在物体上的光斑。

图 2-47　LiDAR 系统

LiDAR 系统包括一个单束窄带激光器和一个接收器。激光器产生并发射一束光脉冲（简称脉冲）打在物体上，光脉冲反射回来，最终被接收器接收。接收器准确地测量光脉冲从发射到被反射回的传播时间。光脉冲以光速传播，接收器总会在下一个脉冲发出之前收到前一个被反射回的脉冲。鉴于光速是已知的，传播时间即可转换为距离。结合激光器的高度、激光扫描角度，从 GPS 得到激光器的位置和从 INS 得到脉冲发射方向，就可以准确地计算出每一个地面光斑的坐标 (x,y,z)。脉冲发射的频率可以从每秒几个脉冲到每秒几万个脉冲中选择，对于一个发射频率为每秒一万个脉冲的系统，接收器将会在一分钟内记录六十万个点。

激光雷达是一种工作在从红外到紫外光谱段的雷达系统，其原理和构造与激光测距仪极为相似。科学家把利用激光脉冲进行探测的设备称为脉冲激光雷达，把利用连续波激光束进行探测的设备称为连续波激光雷达。激光雷达能精确测量目标位置（距离和角度）、运动状态（速度、振动情况和姿态）和形状，探测、识别、分辨和跟踪目标。

激光本身具有非常精确的测距能力，其测距精度可达厘米级，激光雷达系统的精度除了取决于激光自身因素，还取决于激光、GNSS 及 IMU 三者的同步等内在因素。随着商用 GNSS 及 IMU 的发展，通过激光雷达从移动平台上获得高精度的数据已经实现并被广泛应用。安装有激光雷达的无人机如图 2-48 所示。

图 2-48　安装有激光雷达的无人机

四、声纹相机

声纹相机通过声波识别和记录图像。这种相机可以捕捉到人类听不到的声音，并将其转换为可见的图像。声纹相机通常由麦克风阵列、信号处理电路和图像传感器组成。它可以将声波转换为电信号，电信号通过信号处理电路被处理，最终由图像传感器转换为可见的图像。声纹相机用于识别不同类型的故障，例如接触不良、电弧放电等，根据检测到的特定声波远程、实时判断输电线路的运行状况。在配电系统中，这种技术可以帮助工作人员及时发现线路老化、接触不良等问题，从而预防潜在的安全风险。相比传统的紫外线成像检测，声纹相机具有便携且不受日光等因素干扰的优点，可以缩短隐患排查和抢修查找故障点的时间，提高作业的安全性和准确性。

五、其他任务设备

除以上常用 4 类设备外，无人机还可搭载抛投器、喷火器、激光清障仪、照明设备、喊话器、紫外检测仪等。因种类繁多，厂家不一，在此不作详细介绍。

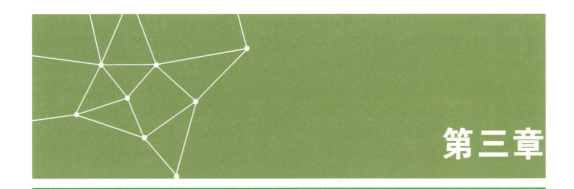

第三章

无人机运行管理安全工作规程

第一节 无人机管理规程

2023年5月31日,中华人民共和国国务院、中华人民共和国中央军事委员会发布了《无人驾驶航空器飞行管理暂行条例》(以下简称《暂行条例》),自2024年1月1日起施行。《暂行条例》主要按照分类管理思路,加强对无人驾驶航空器设计、生产、维修、组装等的适航管理和质量管控,建立产品识别码和所有者实名登记制度,明确使用单位和操控人员资质要求;严格飞行活动管理,划设无人驾驶航空器飞行管制空域和适飞空域,建立飞行活动申请制度,明确飞行活动规范;强化监督管理和应急处置,健全一体化综合监管服务平台,落实应急处置责任,完善应急处置措施。

《暂行条例》将民用无人机(无人驾驶航空器)划分为许多种类,按照此条例,电力巡检用无人机主要为轻型和小型无人机。

《暂行条例》要求,除微型以外的无人驾驶航空器实施飞行活动,操控人员应当确保无人驾驶航空器能够按照国家有关规定向无人驾驶航空器一体化综合监管服务平台报送识别信息。微型、轻型、小型无人驾驶航空器在飞行过程中应当广播式自动发送识别信息。

一、民用无人驾驶航空器管理规定

《暂行条例》规定民用无人驾驶航空器所有者应当依法进行实名登记,具体办法由国务院民用航空主管部门会同有关部门制定。

使用除微型以外的民用无人驾驶航空器从事飞行活动的单位应当具备下列条件,并向国务院民用航空主管部门或者地区民用航空管理机构(以下统称民用航空管理部门)申请取得民用无人驾驶航空器运营合格证(以下简称运营合格证):① 有实施安全运营所需的管理机构、管理人员和符合本条例规定的操控人员;② 有符合安全运营要求的无人驾驶航空器及有关设施、设备;③ 有实施安全运营所需的管理制度和操作规程,保证持续具备按照制度和规程实施安全运营的能力;④ 从事经营性活动的单位,还应当为营利法人。

民用航空管理部门收到申请后,应当进行运营安全评估,根据评估结果依法作出许可或者不予许可的决定。予以许可的,颁发运营合格证;不予许可的,书面通知申请人并说明理由。

取得运营合格证后从事经营性通用航空飞行活动,以及从事常规农用无人驾驶航空器作业飞行活动,无须取得通用航空经营许可证和运行合格证。

使用民用无人驾驶航空器从事经营性飞行活动,以及使用小型、中型、大型民用无人驾驶航空器从事非经营性飞行活动,应当依法投保责任保险。

中国民用航空局航空器适航审定司发布的《民用无人驾驶航空器实名制登记管理规定》中明确,在中华人民共和国境内最大起飞重量为 250 克以上(含 250 克)的民用无人机均应在"无人机实名登记系统"上实名制登记。民用无人机拥有者在"无人机实名登记系统"中完成信息填报后,系统自动给出包含登记号和二维码的登记标志图片,并发送到登记的邮箱。

民用无人机的标识要求如下。

(1) 民用无人机拥有者在收到系统给出的包含登记号和二维码的登记标志图片后,将其打印为至少 2 厘米乘以 2 厘米的不干胶粘贴牌。

(2) 民用无人机拥有者将登记标志图片采用耐久性方法粘于无人机不易损伤的地方,且始终清晰可辨,亦便于查看。便于查看是指登记标志附着于一个不需要借助任何工具就能查看的部件之上。

(3) 民用无人机拥有者必须确保无人机每次运行期间均保持登记标志附着其上。

(4) 民用无人机登记号和二维码信息不得涂改、伪造或转让。

二、民用无人机操控员管理规定

《无人驾驶航空器飞行管理暂行条例》中规定操控小型、中型、大型民用无人驾驶航空器飞行的人员应当具备下列条件,并向国务院民用航空主管部门申请取得相应民用无人驾驶航空器操控员(以下简称操控员)执照:① 具备完全民事行为能力;② 接受安全操控培训,并经民用航空管理部门考核合格;③ 无可能影响民用无人驾驶航空器操控行为的疾病病史,无吸毒行为记录;④ 近 5 年内无因危害国家安全、公共安全或者侵犯公民人身权利、扰乱公共秩序的故意犯罪受到刑事处罚的记录。

操控微型、轻型民用无人驾驶航空器飞行的人员,无须取得操控员执照,但应当熟练掌握有关机型操作方法，了解风险警示信息和有关管理制度。无民事行为能力人只能操控微型民用无人驾驶航空器飞行，限制民事行为能力人只能操控微型、轻型民用无人驾驶航空器飞行。无民事行为能力人操控微型民用无人驾驶航空器飞行或者限制民事行为能力人操控轻型民用无人驾驶航空器飞行，应当由符合前款规定条件的完全民事行为能力人现场指导。操控轻型民用无人驾驶航空器在无人驾驶航空器管制空域内飞行的人员，应当具有完全民事行为能力，并按照国务院民用航空主管部门的规定经培训合格。

三、空域和飞行活动管理规定

国家根据需要划设无人驾驶航空器管制空域（以下简称管制空域）。真高120米以上空域，空中禁区、空中限制区以及周边空域，军用航空超低空飞行空域，以及下列区域上方的空域应当划设为管制空域：① 机场以及周边一定范围的区域；② 国界线、实际控制线、边境线向我方一侧一定范围的区域；③ 军事禁区、军事管理区、监管场所等涉密单位以及周边一定范围的区域；④ 重要军工设施保护区域、核设施控制区域、易燃易爆等危险品的生产和仓储区域，以及可燃重要物资的大型仓储区域；⑤ 发电厂、变电站、加油（气）站、供水厂、公共交通枢纽、航电枢纽、重大水利设施、港口、高速公路、铁路电气化线路等公共基础设施以及周边一定范围的区域和饮用水水源保护区；⑥ 射电天文台、卫星测控（导航）站、航空无线电导航台、雷达站等需要电磁环境特殊保护的设施以及周边一定范围的区域；⑦ 重要革命纪念地、重要不可移动文物以及周边一定范围的区域；⑧ 国家空中交通管理领导机构规定的其他区域。

管制空域的具体范围由各级空中交通管理机构按照国家空中交通管理领导机构的规定确定，由设区的市级以上人民政府公布，民用航空管理部门和承担相应职责的单位发布航行情报。

未经空中交通管理机构批准，不得在管制空域内实施无人驾驶航空器飞行活动。

管制空域范围以外的空域为微型、轻型、小型无人驾驶航空器的适飞空域（以下简称适飞空域）。

无人驾驶航空器通常应当与有人驾驶航空器隔离飞行。

属于下列情形之一的，经空中交通管理机构批准，可以进行融合飞行：① 根据任务或者飞行课目需要，警察、海关、应急管理部门辖有的无人驾驶航空器与本部门、本单位使用的有人驾驶航空器在同一空域或者同一机场区域的飞行；② 取得适航许可的大型无人驾驶航空器的飞行；③ 取得适航许可的中型无人驾驶航空器不超过真高300米的飞行；④ 小型无人驾驶航空器不超过真高300米的飞行；⑤ 轻型无人驾驶航空器在适飞空域上方不超过真高300米的飞行。

微型、轻型无人驾驶航空器在适飞空域内的飞行，进行融合飞行无须经空中交通管理机构批准。

组织无人驾驶航空器飞行活动的单位或者个人应当在拟飞行前1日12时前向空中

交通管理机构提出飞行活动申请。空中交通管理机构应当在飞行前1日21时前作出批准或者不予批准的决定。

按照国家空中交通管理领导机构的规定在固定空域内实施常态飞行活动的,可以提出长期飞行活动申请,经批准后实施,并应当在拟飞行前1日12时前将飞行计划报空中交通管理机构备案。

无人驾驶航空器飞行活动申请按照下列权限批准:① 在飞行管制分区内飞行的,由负责该飞行管制分区的空中交通管理机构批准;② 超出飞行管制分区在飞行管制区内飞行的,由负责该飞行管制区的空中交通管理机构批准;③ 超出飞行管制区飞行的,由国家空中交通管理领导机构授权的空中交通管理机构批准。

飞行活动已获得批准的单位或者个人组织无人驾驶航空器飞行活动的,应当在计划起飞1小时前向空中交通管理机构报告预计起飞时刻和准备情况,经空中交通管理机构确认后方可起飞。

组织微型、轻型、小型无人驾驶航空器在适飞空域内实施飞行活动,无须向空中交通管理机构提出飞行活动申请。

第二节　配电线路管理规程

一、一般要求

为加强架空配电线路无人机巡检作业现场管理,规范各类作业人员的行为,保证人身、电网和设备安全,应遵循国家有关法律法规,并结合电力生产的实际,开展架空配电线路无人机巡检作业。

二、安全要求

开展无人机巡检作业,应遵循空域申报要求、现场勘察要求、工作票(单)要求、工作许可要求、工作监护要求、工作间断要求、工作票的有效期与延期要求、工作终结要求等。

三、空域申报要求

无人机巡检作业应严格按国家相关政策法规、当地民航军管等要求规范化使用空域。根据无人机管理规程工作要求,在应用无人机开展线路巡检作业前,应按相关要求办理空域申报。各无人机使用单位应建立空域申报协调机制,按需由属地单位统一报送申请,并密切跟踪当地空域变化情况。

四、现场勘察要求

配电网作业具有点多、面广、线长、环境复杂、危险性大等特点,由众多事故案例可知,许多事故往往是作业人员事前缺乏对危险点的勘察与分析,事中缺少对危险点的控制导致的,因此作业前的危险点勘察与分析是一项十分重要的组织措施。

工作负责人、操控手和程控手应提前掌握巡检线路走向和走势、交叉跨越情况、杆塔坐标、周边地形地貌、空中管制区分布、交通运输条件及其他危险点等信息,并确认无误。宜提前确定并核实起飞和降落点环境。

工作票签发人或工作负责人认为有必要进行现场勘察的作业场所,应根据工作任务组织现场勘察,并填写配电线路无人机巡检作业现场勘察记录单。

现场勘察应核实线路走向和走势、交叉跨越情况、杆塔坐标、巡检区域地形地貌、起飞和降落点环境、交通运输条件及其他危险点等,确认巡检航线规划条件。

对复杂地形、复杂气象条件下或夜间开展的无人机巡检作业以及现场勘察认为危险性、复杂性和困难程度较大的无人机巡检作业,应专门编制组织措施、技术措施、安全措施,并履行相关审批手续后方可执行。

实际飞行巡检范围不应超过批复的空域。且在办理空域审批手续时,应按实际飞行空域申报,不应扩大许可范围。

五、工作票(单)要求

为提高预防事故能力,杜绝人为责任事故,使用无人机巡检系统按计划开展的无人机精细化巡检、无人机通道巡检、无人机红外巡检、无人机竣工验收、无人机故障巡检等工作,需填用架空配电线路无人机巡检作业工作票(单),在突发自然灾害或线路故障等情况下使用起飞重量小于 1.5 kg 的无人机开展视距内巡检作业可按口头命令执行(派工单样票见附录 A.1)。

(1) 工作票(单)的使用应满足下列要求。

① 工作票(单)应明确使用的无人机巡检系统类型及数量。

② 一个工作负责人不能同时执行多张工作票(单)。在巡检作业工作期间,工作票(单)应始终保留在工作负责人手中。

③ 对多个巡检飞行架次,但作业类型相同的连续工作,可共用一张工作票(单)。

(2) 工作票(单)所列人员的基本条件应满足下列要求。

① 工作票签发人应由熟悉人员技术水平、熟悉线路情况、熟悉无人机巡检系统、熟悉无人机巡检安全规程,并具有相关工作经验的生产领导人、技术人员或经本单位分管生产领导批准的人员担任。

② 工作许可人应由熟悉空域使用相关管理规定和政策、熟悉地形地貌和环境条件、熟悉线路情况、熟悉无人机巡检系统、熟悉无人机巡检安全规程,具有航线申请、空管报批相关工作经验,并经省(地、市、县)检修公司分管生产领导书面批准的人员担任。

③ 工作负责人(监护人)应由熟悉线路情况、熟悉无人机巡检系统、熟悉无人机巡检安全规程,具有相关工作经验,并经省(地、市、县)检修公司分管生产领导书面批准的人员担任。

④ 工作班成员应由熟悉线路情况、熟悉无人机巡检系统、熟悉配电安全规程,取得无人机巡检系统培训合格证或执照,并具有相关工作经验的人员担任。

(3) 工作票(单)所列人员的安全责任如下。

① 工作票签发人:

a. 负责审查工作必要性和安全性;

b. 负责审查工作内容和安全措施等是否正确完备;

c. 负责审查所派工作负责人和工作班成员是否适当和充足。

② 工作许可人:

a. 负责审查飞行空域是否已获批准;

b. 负责审查航线规划是否满足安全飞行要求;

c. 负责审查安全措施等是否正确完备;

d. 负责审查安全策略设置等是否正确完备;

e. 负责审查异常处理措施是否正确完备;

f. 负责按相关要求向当地民航军管部门办理作业申请。

③ 工作负责人(监护人):

a. 正确安全地组织开展巡检作业工作,按国家相关法律法规规定正确使用空域,及时纠正不当行为;

b. 负责检查航线规划、安全策略设置和作业方案等是否正确完备,必要时予以补充;

c. 负责检查工作票所列安全措施是否正确完备,是否符合现场实际条件,必要时予以补充;

d. 工作前对工作班成员进行危险点告知,交待安全措施和技术措施,并确认每一个工作班成员都已知晓;

e. 严格执行工作票所列安全措施;

f. 督促、监护工作班成员遵守本规程,正确使用劳动防护用品和执行现场安全措施,及时纠正不安全行为;

g. 确认工作班成员精神状态是否良好,必要时予以调整。

④ 工作班成员:

a. 熟悉工作内容、工作流程,掌握安全措施,明确工作中的危险点,并履行确认手续;

b. 严格遵守安全规章制度、技术规程和劳动纪律,对自己在工作中的行为负责,互相关心工作安全,并监督本规程的执行和现场安全措施的实施;

c. 正确使用安全工器具和劳动防护用品。

六、工作许可要求

工作负责人应在工作开始前向工作许可人申请办理工作许可手续,在得到工作许可人的许可后,方可开始工作。工作许可人及工作负责人应分别逐一记录、核对工作时间、作业范围和许可空域,并确认无误。工作负责人应在当天工作前和结束后向工作许可人汇报当天工作情况。已办理许可手续但尚未终结的工作,当空域许可情况发生变化时,工作许可人应及时通知工作负责人视空域变化情况调整工作计划。

办理工作许可手续方法可采用:当面办理、电话办理或派人办理。当面办理和派人办理时,工作许可人和工作负责人在两份工作票上均应签名。电话办理时,工作许可人及工作负责人应复诵核对无误。

七、工作监护要求

使用多旋翼无人机开展的架空配电线路巡检作业,可视工作性质和现场情况决定设置工作监护人。监护人应对作业过程、设备状态和作业人员操作情况进行全过程监护,及时纠正不安全行为,确保设备和人员的安全。

正常作业环境下,使用起飞重量小于 1.5 kg 的多旋翼无人机开展视距内的架空配电线路巡检作业时,可视工作性质和现场情况由工作班成员担任监护人,或不设监护人。其他情况下,使用多旋翼无人机开展架空配电线路巡检作业时,应单独设置工作监护人。使用固定翼无人机和其他类型无人机巡检系统开展架空配电线路巡检作业时,应单独设置监护人。

工作期间,若工作负责人(监护人)因故暂时离开工作现场,应指定能胜任的人员临时代替,离开前应将工作现场交待清楚,并告知工作班全体成员。原工作负责人返回工作现场,也应履行同样的交接手续。若工作负责人必须长时间离开工作现场,应履行变更手续,并告知工作班全体成员及工作许可人。原、现工作负责人应做好必要的交接工作。对于架空配电线路无人机巡检作业工作票,应由原工作票签发人履行变更手续。

八、工作间断要求

在工作过程中,如遇雷、雨、大风以及其他任何情况威胁到作业人员或无人机巡检系统的安全,但可在工作票(单)有效期内恢复正常,工作负责人可根据情况间断工作,否则应终结本次工作。若无人机巡检系统已经放飞,工作负责人应立即采取措施,作业人员在保证安全条件下,控制无人机巡检系统返航或就近降落,或采取其他安全策略及应急方案保证无人机巡检系统安全。在工作过程中,如无人机巡检系统状态不满足安全作业要求,且在工作单有效期内无法修复并确保安全可靠,工作负责人应终结本次工作。

已办理许可手续但尚未终结的工作,当空域许可情况发生变化不满足要求,但可在工作票(单)有效期内恢复正常,工作负责人可根据情况间断工作,否则应终结本次工作。若无人机巡检系统已经放飞,工作负责人应立即采取措施,控制无人机巡检系统返航或就近降落。

白天工作间断恢复工作时,应对无人机巡检系统进行检查,确认其状态正常,自主巡检作业时还应重新检查航线正常,即使工作间断前已经完成系统自检,也必须重新进行自检。隔天工作间断时,应撤收所有设备并清理工作现场。恢复工作时,应重新报告工作许可人,对无人机巡检系统进行检查,确认其状态正常,重新自检。

九、工作票的有效期与延期要求

工作票的有效截止时间,以工作票签发人批准的工作结束时间为限。工作票只允许延期一次。若需办理延期手续,应在有效截止时间前2小时由工作负责人向工作票签发人提出申请,经同意后由工作负责人报告工作许可人予以办理。对于涉及空域审批的工作,还需重新向空管部门提出申请。

十、工作终结要求

工作终结后,工作负责人应进行工作总结,总结内容包括下列内容:工作负责人姓名、作业班组名称、工作任务(说明线路名称、巡检飞行的起止杆塔号等)已经结束,无人机巡检系统已经回收,工作终结。已终结的工作单应至少保存一年。

第三节 保障安全的技术要求

一、航线规划要求

在获得飞行管制部门的许可后,作业人员要严格按照批复后的空域进行航线规划,作业人员根据巡检作业要求和所用无人机技术性能规划航线。规划的航线应避开空中管制区、重要建筑和设施,尽量避开人员活动密集区、通信阻隔区、无线电干扰区、大风或切变风多发区和森林防火区等地区。对于首次开展无人机巡检作业的线段,作业人员在规划航线时应当留有充足裕量,与以上区域保持足够的安全距离。

在规划自主巡检模式的航线时,应充分考虑无人机巡检系统在航点之间转移时与线路设备的安全距离,合理设置辅助点。对规划完成的自主巡检航线,要进行模拟校验,对有碰撞风险的航线应合理调整。对首次调用、执行实际飞行的巡检作业航线，应由经验丰富的巡检人员对巡检过程安全性进行验证，验证时适当调低飞行速度，按照航巡监控要求对巡检过程进行监控，如存在安全隐患则应调整航线。

无人机巡检系统起飞和降落区应远离公路、铁路、重要建筑和设施，尽量避开周边军事禁区、军事管理区、森林防火区和人员活动密集区等，且满足对应机型的技术指标要求。

在遇突发情况时，可在无人机巡检系统飞行过程中更改巡检航线，避免发生意外。

二、安全策略设置要求

无人机在飞行过程中，遇到恶劣环境或突发情况，比如阵风、遮挡、电子元器件故障等，容易导致飞行轨迹偏离航线、导航卫星无法定位、通信链路中断、动力失效等。出现以上任一种情况，都将危及巡检作业安全，造成无人机坠机或撞击配电线路，甚至引发更大规模的次生危害。

考虑到巡检过程中气象条件、空间背景或空域许可等情况发生变化的可能，作业人员在开展无人机巡检作业时，要提前设置合理的安全策略。通过设置合理的安全策略，可确保作业过程中无人机的飞行安全，并保障作业人员有效地完成巡检作业。

无人机巡检系统执行的安全策略主要有悬停、下降和返航策略，即无人机巡检系统检测到异常状态量达到预设值时，采取的原地空中等待、原地空中下降和返回起降点的动作。但以上这几种策略，都必须以导航系统功能正常为前提。

三、航前检查要求

作业前，要对天气、巡检任务、作业环境和无人机巡检系统进行检查。检查作业现场天气情况是否满足作业条件，雾、雪、大雨、冰雹、风力大于 10 m/s 等恶劣天气下不宜作业。检查巡检作业线路杆塔的类型、坐标与高度，以及线路周围地形地貌和周边交叉跨越情况。检查现场安全措施是否齐全，禁止行人和其他无关人员在作业现场逗留，时刻注意保持与无关人员的安全距离。避免将起降场地设在巡检线路下方、交通繁忙道路及人口密集区附近。检查无人机巡检系统各部件是否正常，包括无人机本体、遥控器、云台相机、存储卡、电池等，检查无人机各处接线是否出现断裂、松动、崩脱。检查无人机各电机转向是否正确，检查无人机巡检系统内各项设置是否正常，包括 RTK 是否连接成功、视觉避障是否开启、飞行器限高是否正确设置、指南针是否校准等。

四、航巡监控要求

开展无人机巡检作业时，作业人员要核实无人机巡检系统的飞行高度、速度等是否满足该机型技术指标要求,且满足巡检质量要求。无人机巡检系统放飞后,可在起飞点附近进行悬停或盘旋飞行,待作业人员确认系统工作正常后方可继续执行巡检任务。若发现异常,要及时降落,排查原因,进行修复,在确保安全可靠后方可再次放飞。

无人机巡检系统飞行时,作业人员要始终注意观察无人机巡检系统飞行姿态,发动机或电机运转声音等信息,判断系统工作是否正常,要实时监控飞行数据记录模块获取的无人机飞行状态、实时位置、飞行航迹等信息,若无人机航迹偏离预设航线、超出允许作业范围或飞入禁飞区时,立即采取措施控制无人机按预设航线飞行,并判断无人机状态是否正常可控。否则,立即采取措施控制无人机返航或就近降落,待查明原因,排除故障并确认安全可靠后,才可以重新放飞执行巡检作业。

采用自主飞行模式时,作业人员要始终掌控遥控手柄,且处于备用状态。作业人员要密切观察无人机巡检系统航迹,若触发无人机巡检系统避障功能,观察能否执行可靠安全策略。突发情况下,可通过遥控手柄立即接管控制无人机飞行。

采用增稳或手动飞行模式时,在目视可及范围内,作业人员应密切观察无人机巡检系统遥测信息和周围环境变化,跨越障碍物宜采用上跨方式,若采用下穿方式,要充分考虑通信链路可能受到的衰减影响。

五、航后检查及维护要求

当天巡检作业结束后,应清理现场,核对设备和工器具清单,确认现场无遗漏。要按所用无人机巡检系统要求进行检查和维护工作,对外观及关键零部件进行检查。要及时将电池从无人机巡检系统里取出,取出的电池应按要求保管,并定期进行充、放电工作,确保电池性能良好。

对于无人机自主巡检作业,应对作业航线进行检查、分析,若有调整应及时更新航线数据库中对应信息。

无人机回收后,应按照相关要求放入专用库房进行存放和维护保养。维护保养人员应严格按照无人机正常周期进行零件维修更换和大修保养,定期对无人机进行检查、清洁、润滑、紧固,确保设备状态正常。如长期不用,应定期启动,检查设备状态。若出现异常现象,应及时调整、维修。

六、安全注意事项

(一)一般注意事项

使用的无人机巡检系统应通过试验检测。作业时,应严格遵守相关技术规程要求,严格按照所用机型要求进行操作。现场应携带所用无人机巡检系统操作手册、简单故障排查和维修工具。

工作地点、起降点及起降航线上应避免无关人员干扰,必要时可设置安全警示区。现场禁止使用可能对无人机巡检系统通信链路造成干扰的电子设备。无人机起飞和降落时,现场所有人员应与无人机巡检系统始终保持足够的安全距离,作业人员不得位于起飞和降落航线下。

巡检作业现场所有人员均应正确佩戴安全帽和穿戴个人防护用品,正确使用安全工器具和劳动防护用品。工作前8h及工作过程中不应饮用任何酒精类饮品。现场不得进行与作业无关的活动。

(二)巡检作业异常处理

无人机巡检系统在空中飞行时发生故障或遇紧急意外情况等,应尽可能控制无人机巡检系统在安全区域紧急降落。无人机巡检系统飞行时,若通信链路长时间中断,且在预计时间内仍未返航,应根据掌握的无人机巡检系统最后地理坐标位置或机载追踪器发送的报文等信息及时寻找。

巡检作业区域出现雷雨、大风等可能影响作业的突变天气时,应及时评估巡检作业安全性,在确保安全后方可继续执行巡检作业,否则应采取措施控制无人机巡检系统避让、返航或就近降落。巡检作业区域出现其他飞行器或飘浮物时,应立即评估巡检作业安全性,在确保安全后方可继续执行巡检作业,否则应采取避让措施。无人机巡检系统飞行过程中,若班组成员身体出现不适或受其他干扰影响作业,应迅速采取措施保证无人机巡检系统安全,情况紧急时,可立即控制无人机巡检系统返航或就近降落。

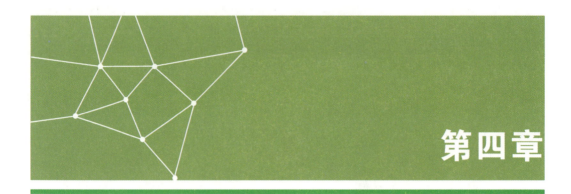

第四章

无人机巡检作业

在配电系统中,无人机巡检应用场景非常丰富,主要包括杆塔精细化巡检、通道巡检、辅助检修、声光飞行检测、特殊辅助巡检等。杆塔精细化巡检主要是利用无人机搭载可见光照(摄)像设备、红外检测设备等对线路本体和附属设施开展全方位精细巡检。通道巡检主要是利用无人机搭载可见光照(摄)像设备对线路通道隐患进行巡检。辅助检修主要是利用无人机搭载绝缘绳、验电器、接地线、照明灯、喊话器等各类器具,辅助开展带电检修、停电检修和现场安全监护工作。声光飞行检测主要是利用无人机搭载红外、紫外、声纹、X光检测设备等,深度挖掘设备本体缺陷和隐患。特殊辅助巡检主要是利用无人机搭载可见光照(摄)像设备、红外测温设备、激光雷达设备,辅助开展线路验收、故障巡检、应急保电巡检工作。

在架空配电线路中,无人机巡检应用场景主要分为无人机精细化巡检、无人机通道巡检、无人机红外巡检、无人机故障巡检、无人机竣工验收等。本章主要介绍无人机手动作业流程和方法。

第一节 无人机飞行安全要求

无人机作业是一个在开放环境进行的户外工作,影响安全的因素存在于整个巡检过程中。本小节内容适用于本书提到的全部无人机巡检作业方式。

1. 航前检查

在每次飞行前,都需要对无人机进行详细的检查,包括对电池、螺旋桨、遥控器等部分进行检查,确保无人机处于良好的工作状态,避免意外发生。

2. 人员资质

无人机需要由具备相应等级无人机驾驶执照的人员进行操控。在飞行过程中,需要专心、耐心、细心、谨慎、专业地进行操作。应按照安全规程要求并根据不同工作任务,配备工作负责人、无人机操作手等。

3. 天气状况

避免在恶劣天气条件下飞行。为保证飞行安全,应在无人机厂家规定的最大风速范围内进行作业。

4. 紧急情况处理

在紧急情况下,不要惊慌失措,要保持冷静,并采取正确的措施。作业前应提前规划好应急备降位置和相应应急预案。

5. 避免碰撞

在飞行过程中,合理使用无人机避障功能,避免与建筑物、电线、树竹等障碍物发生碰撞。

6. 电池管理

在飞行前确保无人机和遥控器电池电量满足作业需要,并留有充足安全裕度。环境温度10 ℃以下时,作业前应考虑低温情况下电池活性下降导致容量降低,合理安排飞行时长以免导致意外事故。

7. 人身安全

操作手作业时应正确使用劳动保护用品(即劳保用品)。在有非工作人员活动区域起降时,应设置安全围栏,防止无关人员进入工作区域,以免导致局外人身伤害或干扰作业情况。

无人机作业还应按照安全规程的要求进行现场勘察和填写派工单。

一、现场勘察

无人机巡检作业前,应根据巡检任务需求,收集所需巡检线路的地理位置分布图,提前掌握巡检线路走向和走势、交叉跨越情况、杆塔坐标、周边地形地貌、起飞和降落点环境、交通运输条件及其他航线规划条件等,对复杂地形、复杂气象条件下或夜间开展的无人机巡检作业,以及现场勘察认为危险性、复杂性和困难程度较大的无人机巡检作业,应专门编制组织措施、技术措施、安全措施。现场勘察工作应至少由无人机操作手和工作负责人参与完成,并正确填写"无人机巡检作业现场勘察记录单"。

二、风险来源辨识

无人机巡检作业工作负责人应能正确评估被巡设备布置情况、线路走向和走势、线路交叉跨越情况、空中管制区分布、周边地形地貌、通信阻隔和无线电干扰情况、交通运输条件、邻近树竹及建筑设施分布、周边人员活动情况、作业时段及其他危险点等对巡检作业安全、质量和效率的影响;能根据现场情况正确制定为保证作业安全和质量应采取的技术措施和安全措施。

考虑到无人机巡检作业中可能出现的安全隐患及质量问题,为保障巡检作业的安全进行,尽可能减少安全事故,对作业中常见的可能风险来源做出了具体的预控措施,如表4-1所示。

表4-1 风险及预控措施

风险范畴	风险名称	风险来源	预控措施
安全	起降场地	场地不平坦,有杂物,面积过小,周围有遮挡	按要求选取合适的场地
		多旋翼无人机周边3～5 m内有影响无人机起降的人或物	明确多旋翼无人机起降安全范围,严禁安全范围内存在影响无人机起降的人或物
		固定翼无人机的起降跑道上有影响无人机起降的人或物	明确固定翼无人机起降安全范围,拉起警戒带,严禁安全范围内存在影响无人机起降的人或物
		多旋翼无人机起飞和降落时发生事故	巡检人员严格按照产品使用说明书使用产品 在起飞前对无人机进行详细检查 令多旋翼无人机进行自检
		固定翼无人机起飞和降落时发生事故	巡检人员严格按照产品使用说明书使用产品 在起飞前对无人机进行详细检查 令固定翼无人机进行自检
	飞行故障及事故	飞行过程中零部件脱落	起飞前做好详细检查,零部件螺丝应紧固,确保各零部件连接安全、牢固
		巡检范围内存在影响飞行安全的障碍物(交叉跨越线路、通信铁塔等)或禁飞区	巡检前做好巡检计划,充分掌握巡检线路及周边环境情况资料 在现场充分观察周边情况 作业时提高警惕,保持安全距离 靠近禁飞区时及时返航
		微地形、微气象区作业	充分了解当前的地形、气象条件,作业时提高警惕
		安全距离不足导致导线对多旋翼无人机放电	应满足各电压等级带电作业的安全距离要求

续表

风险范畴	风险名称	风险来源	预控措施
安全	飞行故障及事故	无人机与线路本体发生碰撞	作业时无人机与线路本体保持足够水平距离
		恶劣天气影响	作业前应及时全面掌握飞行区域气象资料,严禁在雷、雨、大风(根据多旋翼抗风性能而定)或大雾等恶劣天气下进行飞行作业 在遇到天气突变时,应立即返航
		通信中断	预设通信中断自动返航功能
		动力设备突发故障	由自主飞行方式(或模式)切换回手动控制方式(或称手动飞行方式),取得飞机的控制权 迅速减小飞行速度,尽量保持飞机平衡,尽快安全降落
		GPS故障或信号接收故障,多旋翼无人机迷航	在测控通信正常的情况下,由自主飞行方式切换回手动控制方式,尽快安全降落或返航
设备	无人机安全	多旋翼无人机遭人为破坏或偷盗	妥善放置保管
		固定翼无人机相关设备、工具被借用或损坏	加强物资管理,做好登记,及时对损坏设备进行补充
人员	人员资质	人员不具备相应机型操作资质	对作业人员进行培训
	人员疲劳作业	人员长时间作业导致疲劳操作	及时更换作业人员
	人员中暑	高温天气下连续作业	准备充足饮用水,装备必要的劳保用品 携带防暑药品
	人员冻伤	在低温天气及寒风下长时间工作	控制作业时长、穿着足够的防寒衣物

三、航线规划

作业前一周,工作负责人应根据巡检任务类型、被巡设备布置情况、无人机巡检系统技术性能状况、周边环境等情况正确规划巡检航线,按照国家有关法规,对无人机在配电线路通道两侧的空间内活动的规则、方式和时间等应进行规划,提出申请,并获得许可。

第二节　无人机精细化巡检

配电设备精细化巡检采用多旋翼无人机搭载可见光与红外载荷设备,以杆塔为单位,通过调整无人机位置和镜头角度,对线路本体与附属设施进行多方位图像信息采集。

拍摄时应以不高于 2 m/s 的速度接近杆塔,必要时可在杆塔附近悬停,当下端部件视角不佳或不能看清时,可适当下调无人机高度或调整镜头角度,使镜头在稳定状态下拍照、录像,确保数据的有效性与完整性。

一、巡检内容

配电设备精细化巡检内容如表 4-2 所示。

表 4-2　配电设备精细化巡检内容

巡检对象		检查线路本体、附属设施、通道及电力保护区有无以下缺陷、变化或情况
线路本体	地基与基面	回填土下沉或缺土、水淹、冻胀、堆积杂物等
	杆塔基础	明显破损、酥松,有裂纹、露筋等,基础移位、边坡保护不够等
	杆塔塔身	杆塔倾斜、严重变形、严重锈蚀、螺栓、脚钉缺失,土埋塔脚,混凝土杆未封杆顶、破损、有裂纹,爬梯严重变形等
	接地装置	断裂、严重锈蚀、螺栓松脱、接地体外露或缺失,连接部位有雷电烧痕等
	拉线及基础	拉线金具等被拆卸、拉线棒严重锈蚀或蚀损、拉线松弛、断股、严重锈蚀,基础回填土下沉或缺土等
	绝缘子	伞裙破损、严重污秽、有放电痕迹、弹簧销缺损、钢帽有裂纹或断裂、钢脚严重锈蚀或蚀损、绝缘子串严重倾斜等
	导线、地线、引流线	散股、断股、损伤、断线、烧伤,悬挂飘浮物、严重锈蚀、导线缠绕(混线)、覆冰等
	金具	线夹断裂、有裂纹、磨损,销钉脱落或严重锈蚀;均压环、屏蔽环烧伤,螺栓松动;防振锤跑位、脱落、严重锈蚀,阻尼线变形、烧伤;间隔棒松脱、变形、移位、悬挂异物;各种连板、调整板损伤或有裂纹等
附属设施	防雷装置	破损、变形、引线松脱、烧伤等
	防鸟装置	固定式:破损、变形、螺栓松脱等; 活动式:褪色、破损等; 电子式、光波式、声响式:损坏等

续表

巡 检 对 象		检查线路本体、附属设施、通道及电力保护区有无以下缺陷、变化或情况
附属设施	各种监测装置	缺失、损坏等
	航空警示器材	高塔警示灯、跨江线彩球缺失、损坏等
	防舞防冰装置	缺失、损坏等
	配电网通信线	损坏、断裂等
	杆号、警告、防护、指示、相位等标志	缺失、损坏、字迹不清、严重锈蚀等

巡检时，应至少拍摄以下视频(图片)：杆塔设备标识图、杆塔全景图、杆塔基础图、杆塔设备近景图、杆塔重点构件近景图、沿线概况图。

二、无人机精细化巡检作业流程

在架空配电线路中，无人机精细化巡检主要是利用无人机搭载可见光照(摄)像设备等对线路本体和附属设施开展全方位精细巡检。

作业流程分为三步：作业准备、作业实施和数据处理。

作业准备包括：资料查阅、现场勘察、工作票(单)办理、装备出库领用。

作业实施包括：作业现场布置、装备航前检查、无人机起飞、杆塔精细化巡检、无人机返航回收、装备入库归还。

数据处理包括：成果数据整理、缺陷识别、缺陷报告出具。

无人机精细化巡检作业流程如图4-1所示。

部分作业流程介绍如下。

(一) 作业准备

1. 资料查阅

查阅配电线路图纸资料，提前了解配电线路走向、配电线路设备规模。

2. 现场勘察

(1) 巡检前，工作负责人到巡检线路现场进行勘察，核对巡检线路名称及杆塔编号。

(2) 检查作业区域和飞行空域是否符合相关管理办法的规定。

(3) 提前了解作业现场当天的天气情况，决定能否进行作业。

(4) 观察巡检区段实际地形地貌及海拔变化，巡检线路是否存在交叉跨越情况或邻近其他线路，线路通道及附近是否有道路、建筑、树竹、水域、基站、禁飞区及人口密集区等。

(5) 初步选取合适的起降场地(建议多选几个场地备用)。

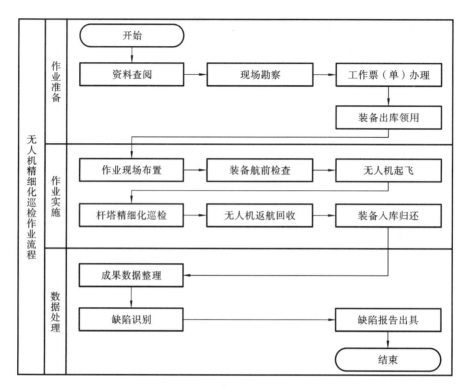

图 4-1　无人机精细化巡检作业流程

3. 工作票(单)办理

完成现场勘察后,申请工作票(单),填写相关信息。

4. 装备出库领用

(1) 根据任务需求,工作负责人向库房管理员提交领用准备申请,由库房管理员负责对出库设备的数量、规格、型号及备品备件等信息进行核查,做好出库记录后方可前往作业现场。

(2) 工作负责人对出库的无人机本体、电池和其他模块等进行核对及检查,确保操作功能正常、电池电量充足,以满足巡检作业要求。

(二)作业实施

1. 作业现场布置

选择合适的起降场地,原则如下。

(1) 宜选择地势较为平坦、无影响降落的植被的场地,场地应满足无人机自主起降条件。

(2) 宜选择能通视巡检线路或能看到杆塔基础与杆塔塔身、信号遮挡较少的位置。

（3）尽量避免选择周围有高大建筑、线路或树竹等障碍物，或地下存在电缆等干扰源的场地，以保证巡检全过程的遥控、通信质量良好。

（4）尽量避免将起降场地设在巡检线路或无人机飞行路线下方、交通繁忙道路及人口密集区附近。

2. 装备航前检查

严格按照无人机操作规范及使用说明书要求组装或检查无人机、云台、图传信号、卫星信号、RTK信号及通信设备。重点检查无人机的连接部件是否牢固、转动部件是否灵活、电池电量是否充足、系统自检是否正常、云台自检是否正常、相机模块功能是否正常等。

3. 杆塔精细化巡检

杆塔精细化巡检可以采取手动控制和自主飞行的方式进行开展，采取自主飞行方式需要使用对应的飞控APP完成航线导入、航线上传操作，自主完成巡检作业。手动控制方式下，工作人员自主操控无人机按照既定的飞行及巡检拍摄要求进行相应拍摄工作。

飞行及巡检拍摄要求如下。

（1）斜对角俯拍。

斜对角俯拍方式下，令无人机高度高于被拍摄物体，并且中轴线延长线与线路走向呈15°~60°角，然后将无人机旋转180°令其飞至被拍摄物体对侧再次进行拍摄。使用此方法可以实现以较少的拍摄图片尽可能多地采集被拍摄物体信息的目的。

（2）近距离拍摄。

拍摄设备近景图时，应提前确认线路设备周围情况，如：附近有无高杆植物，有无其他高压线路、低压线路或通信线，有无拉线，有无其他可能对无人机造成危害的障碍物。无人机拍摄时，后侧至少保持3 m安全距离。如无人机受电磁或气流干扰，应向后轻拨摇杆，令无人机水平向后移动。使用无人机失控自动返航功能时，禁止令无人机在高/低压导线、通信线、拉线正下方飞行，以免无人机失控自动返航时，撞击正上方线路。对于有拉线的杆塔，严禁无人机环绕杆塔飞行。拍摄时应以低速、小舵量对无人机进行控制。

（3）降低飞行高度。

无人机需要降低高度飞行时，摄像头应垂直向下，当遥控器显示屏可以清晰观察到下降路径情况时方可降低飞行高度。降低飞行高度前应规划好无人机升高线路，避免无人机撞击上侧盲区物体。

（4）转移作业地点。

无人机转移作业地点前，应上升至高于线路及转移路径上全部障碍物的高度，再沿直线向前飞行。

4. 装备入库归还

巡检完毕后，工作负责人对无人机设备等进行核对及检查，确认无问题后归还至库房，由库房管理员进行核对，核对无误后应做好入库记录。

三、图像及视频采集标准

配电线路的巡检重点有刀闸、断路器、跌落式熔断器、避雷器、线夹、绝缘子、变压器等的安装紧固情况及外观情况。部分配电线路巡检拍摄内容及方式如表 4-3 所示。

表 4-3　部分配电线路巡检拍摄内容及方式

拍摄内容	拍摄数量(张)	拍摄方式
杆塔塔身和杆塔基础	1～2	杆塔侧上方 45°角俯视拍摄，视野应覆盖杆塔塔身和杆塔基础
杆塔塔顶（简称杆顶或塔顶）	1	杆塔塔顶正上方 2m 左右俯视拍摄，要求无人机能准确采集杆塔坐标
绝缘子	2～4	针式绝缘子：绝缘子正上方 2m 左右拍摄，视野应涵盖所有绝缘子釉面上表面 悬式绝缘子：绝缘子侧上方 2m 左右拍摄，视野应涵盖所有绝缘子釉面上表面
线夹	1～2	线夹侧上方 2m 左右拍摄，云台与水平面呈小于 20°角拍摄，视野应涵盖清晰的线夹连接点情况
引流线	1～2	引流线侧上方 2m 左右拍摄，云台与水平面呈小于 20°角拍摄，视野应涵盖清晰的引流线本体情况
刀闸	2	刀闸垂直安装：刀闸侧上方 2m 左右拍摄，云台与水平面呈小于 20°角拍摄，刀闸正面和侧面各拍一张，视野应涵盖清晰的刀闸本体情况和连接点情况 刀闸水平安装：刀闸侧上方 2m 左右拍摄，云台与水平面呈小于 20°角拍摄刀闸正面情况，云台与水平面呈大于 －20°角拍摄刀闸侧面情况，视野应涵盖清晰的刀闸本体情况和连接点情况
（智能真空）断路器	2	断路器侧上方 2m 左右拍摄，云台与水平面呈小于 20°角拍摄断路器正面情况，视野应涵盖断路器"分""合"情况；云台与水平面呈大于 －20°角拍摄断路器连接点情况、避雷器接地引线情况、绝缘罩安装情况、控制箱外观情况
跌落式熔断器	1～2	跌落式熔断器侧上方 2m 左右拍摄，云台与水平面呈小于 20°角正面拍摄跌落式熔断器熔管、连接点、绝缘罩情况
避雷器	2～3	避雷器侧上方 2m 左右拍摄，云台与水平面呈小于 20°角正面拍摄避雷器本体表面和连接点情况。避雷器表面拍摄应达到 360°全方位拍摄要求，可观察避雷器是否有开裂、击穿现象

续表

拍摄内容	拍摄数量(张)	拍摄方式
电缆头	1	电缆头侧上方 2 m 左右拍摄,云台与水平面呈小于 20°角正面拍摄电缆头连接点
变压器	2	杆塔侧上方 45°角俯视拍摄,视野应覆盖变压器所处杆塔的塔身和基础 变压器侧上方 2 m 左右拍摄,云台与水平面呈小于 20°角正面拍摄变压器连接点

四、精细化巡检典型杆塔拍摄方法

在架空配电线路中,主要涉及单回路直线杆、单回路耐张杆、双回路直线杆、双回路耐张杆、台架杆、柱上开关杆塔等。

拍摄应观察杆塔塔身情况,查看塔身有无开裂和倾斜,观察杆塔基础有无人为破坏;观察绝缘子上表面有无放电和雷击痕迹;观察金具情况;观察通道环境;观察绝缘子侧面和下表面情况;观察金具情况;绝缘子严重倾斜时应拍摄底部螺栓;观察设备(刀闸、断路器、变压器、跌落式熔断器、避雷器、电缆头)情况。

(一)单回路直线杆

单回路直线杆巡检拍摄路径如图 4-2 所示。

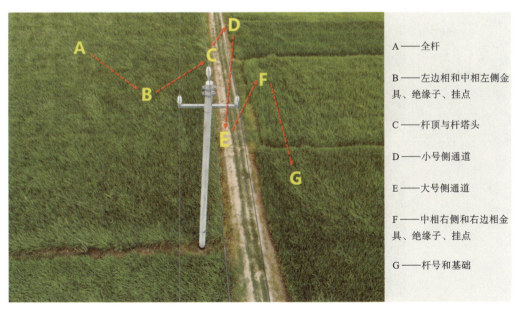

A——全杆

B——左边相和中相左侧金具、绝缘子、挂点

C——杆顶与杆塔头

D——小号侧通道

E——大号侧通道

F——中相右侧和右边相金具、绝缘子、挂点

G——杆号和基础

图 4-2 单回路直线杆巡检拍摄路径示意图

单回路直线杆拍摄方法如表 4-4 所示(表中照片可能来自不同杆塔,后文同)。

表 4-4　单回路直线杆拍摄方法

拍摄部位编号	拍摄部位	示例	拍摄方法
A	全杆		拍摄角度:平视/俯视 拍摄要求:获取杆塔全貌,能够清晰分辨全杆和杆塔角度
B	左边相金具、绝缘子、挂点		拍摄角度:平视/俯视 拍摄要求:能够清晰分辨螺栓、螺母、锁紧销、绝缘子等小尺寸金具,金具相互遮挡时,采取多角度拍摄
B	中相左侧金具、绝缘子、挂点		拍摄角度:平视/俯视 拍摄要求:能够清晰分辨螺栓、螺母、锁紧销、绝缘子等小尺寸金具,金具相互遮挡时,采取多角度拍摄
C	杆顶		拍摄角度:俯视 拍摄要求:位于杆顶,采集杆塔坐标信息

第四章 无人机巡检作业

续表

拍摄部位编号	拍摄部位	示 例	拍 摄 方 法
C	杆塔头		拍摄角度：平视/俯视 拍摄要求：能够清晰分辨完整杆塔头
D	小号侧通道		拍摄角度：平视 拍摄要求：与杆塔头平行，面向小号侧拍摄，获取完整的通道概况图
E	大号侧通道		拍摄角度：平视 拍摄要求：与杆塔头平行，面向大号侧拍摄，获取完整的通道概况图
F	中相右侧金具、绝缘子、挂点		拍摄角度：平视/俯视 拍摄要求：能够清晰分辨螺栓、螺母、锁紧销、绝缘子等小尺寸金具，金具相互遮挡时，采取多角度拍摄

· 71 ·

续表

拍摄部位编号	拍摄部位	示 例	拍摄方法
F	右边相金具、绝缘子、挂点		拍摄角度：平视/俯视 拍摄要求：能够清晰分辨螺栓、螺母、锁紧销、绝缘子等小尺寸金具，金具相互遮挡时，采取多角度拍摄
G	杆号（基础略）		拍摄角度：俯视 拍摄要求：能够清楚识别杆号

（二）单回路耐张杆

单回路耐张杆巡检拍摄路径如图 4-3 所示。

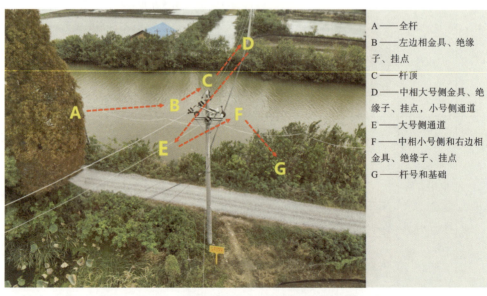

图 4-3 单回路耐张杆巡检拍摄路径示意图

单回路耐张杆拍摄方法如表 4-5 所示。

表 4-5 单回路耐张杆拍摄方法

拍摄部位编号	拍摄部位	示例	拍摄方法
A	全杆		拍摄角度:平视/俯视 拍摄要求:获取杆塔全貌,能够清晰分辨全杆和杆塔角度
B	左边相金具、绝缘子、挂点		拍摄角度:平视/俯视 拍摄要求:能够清晰分辨螺栓、螺母、锁紧销、绝缘子等小尺寸金具,金具相互遮挡时,采取多角度拍摄
C	杆顶		拍摄角度:俯视 拍摄要求:位于杆顶,采集杆塔坐标信息,能够清晰分辨完整杆塔头
D	中相大号侧金具、绝缘子、挂点		拍摄角度:平视/俯视 拍摄要求:能够清晰分辨螺栓、螺母、锁紧销、绝缘子等小尺寸金具,金具相互遮挡时,采取多角度拍摄

续表

拍摄部位编号	拍摄部位	示 例	拍 摄 方 法
D	小号侧通道		拍摄角度:平视 拍摄要求:与杆塔头平行,面向小号侧拍摄,获取完整的通道概况图
E	大号侧通道		拍摄角度:平视 拍摄要求:与杆塔头平行,面向大号侧拍摄,获取完整的通道概况图
F	中相小号侧金具、绝缘子、挂点		拍摄角度:平视/俯视 拍摄要求:能够清晰分辨螺栓、螺母、锁紧销、绝缘子等小尺寸金具,金具相互遮挡时,采取多角度拍摄
	右边相金具、绝缘子、挂点		拍摄角度:平视/俯视 拍摄要求:能够清晰分辨螺栓、螺母、锁紧销、绝缘子等小尺寸金具,金具相互遮挡时,采取多角度拍摄

续表

拍摄部位编号	拍摄部位	示 例	拍 摄 方 法
G	杆号（基础略）		拍摄角度：俯视 拍摄要求：能够清楚识别杆号

（三）双回路直线杆

双回路直线杆巡检拍摄路径如图 4-4 所示。

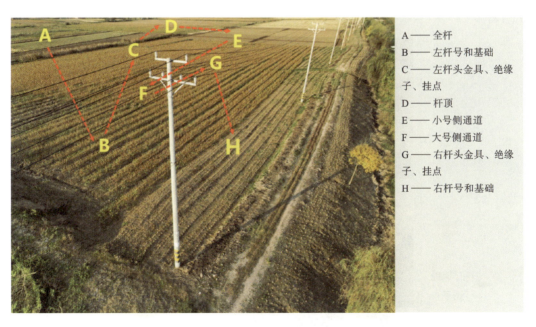

图 4-4 双回路直线杆巡检拍摄路径示意图

双回路直线杆拍摄方法如表 4-6 所示。

表 4-6 双回路直线杆拍摄方法

拍摄部位编号	拍摄部位	示 例	拍 摄 方 法
A	全杆		拍摄角度：平视/俯视 拍摄要求：顺光，线路方向 45°，俯拍 20°，检查砼杆外观
B（H 略）	左杆号		拍摄角度：平视/俯视 拍摄要求：能够清晰分辨杆号牌上的线路双重名称
	基础		拍摄角度：俯视 拍摄要求：能够清晰地看到基础附近地面情况
C	左杆头金具、绝缘子、挂点		拍摄角度：平视/俯视 拍摄要求：顺光，光圈调小保证景深，俯拍 20°，检查单侧绝缘子绑线

续表

拍摄部位编号	拍摄部位	示 例	拍 摄 方 法
C	左杆头金具、绝缘子、挂点		拍摄角度:平视/仰视 拍摄要求:顺光,光圈调小保证景深,仰拍20°,检查单侧绝缘子、螺帽
D	杆顶		拍摄角度:俯视 拍摄要求:位于杆顶,采集杆塔坐标信息,能够清晰分辨完整杆塔头
E	小号侧通道		拍摄角度:平视 拍摄要求:与杆塔头平行,面向小号侧拍摄,获取完整的通道概况图
F	大号侧通道		拍摄角度:平视 拍摄要求:与杆塔头平行,面向大号侧拍摄,获取完整的通道概况图

续表

拍摄部位编号	拍摄部位	示例	拍摄方法
G	右杆头金具、绝缘子、挂点		拍摄角度:平视/俯视 拍摄要求:顺光,光圈调小保证景深,俯拍20°,检查单侧绝缘子绑线
	右杆头金具、绝缘子、挂点		拍摄角度:平视/仰视 拍摄要求:顺光,光圈调小保证景深,仰拍20°,检查单侧绝缘子、螺帽

(四)双回路耐张杆

双回路耐张杆巡检拍摄路径如图4-5所示。

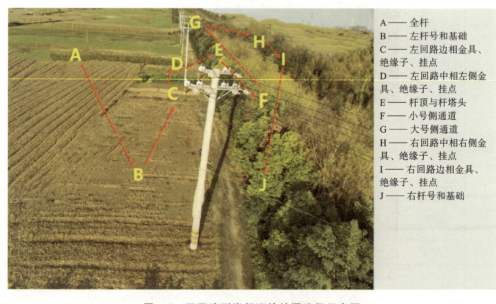

A——全杆
B——左杆号和基础
C——左回路边相金具、绝缘子、挂点
D——左回路中相左侧金具、绝缘子、挂点
E——杆顶与杆塔头
F——小号侧通道
G——大号侧通道
H——右回路中相右侧金具、绝缘子、挂点
I——右回路边相金具、绝缘子、挂点
J——右杆号和基础

图4-5 双回路耐张杆巡检拍摄路径示意图

双回路耐张杆拍摄方法如表 4-7 所示。

表 4-7　双回路耐张杆拍摄方法

拍摄部位编号	拍摄部位	示　例	拍摄方法
A	全杆		拍摄角度：平视/俯视 拍摄要求：获取杆塔全貌，能够清晰分辨全杆和杆塔角度
B	左杆号 （基础略）		拍摄角度：俯视 拍摄要求：能够清楚识别杆号
C	左回路边相金具、绝缘子、挂点		拍摄角度：平视/俯视 拍摄要求：能够清晰分辨螺栓、螺母、锁紧销、绝缘子等小尺寸金具，金具相互遮挡时，采取多角度拍摄
D	左回路中相左侧金具、绝缘子、挂点		拍摄角度：平视/俯视 拍摄要求：能够清晰分辨螺栓、螺母、锁紧销、绝缘子等小尺寸金具，金具相互遮挡时，采取多角度拍摄

续表

拍摄部位编号	拍摄部位	示例	拍摄方法
E	杆顶		拍摄角度:俯视 拍摄要求:位于杆顶,采集杆塔坐标信息
E	杆塔头		拍摄角度:平视/俯视 拍摄要求:能够清晰分辨完整杆塔头,看清线路连接
F	小号侧通道		拍摄角度:平视 拍摄要求:与杆塔头平行,面向小号侧拍摄,获取完整的通道概况图
G	大号侧通道		拍摄角度:平视 拍摄要求:与杆塔头平行,面向大号侧拍摄,获取完整的通道概况图

续表

拍摄部位编号	拍摄部位	示 例	拍 摄 方 法
H	右回路中相右侧金具、绝缘子、挂点		拍摄角度：平视/俯视 拍摄要求：能够清晰分辨螺栓、螺母、锁紧销、绝缘子等小尺寸金具，金具相互遮挡时，采取多角度拍摄
I	右回路边相金具、绝缘子、挂点		拍摄角度：平视/俯视 拍摄要求：能够清晰分辨螺栓、螺母、锁紧销、绝缘子等小尺寸金具，金具相互遮挡时，采取多角度拍摄
J	右杆号（基础略）		拍摄角度：俯视 拍摄要求：能够清楚识别杆号

（五）台架杆

台架杆巡检拍摄路径如图 4-6 所示。

台架杆拍摄方法如表 4-8 所示。

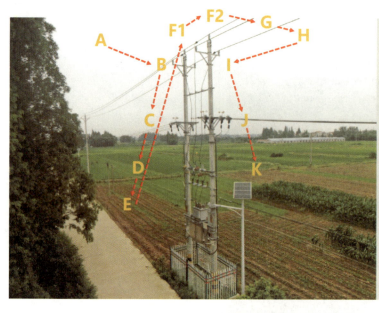

A——台区正面全貌
B——左边相和中相左侧绝缘子、并沟线夹
C——引流线、跌落式熔断器、验电接地环正面
D——变压器、配电柜、避雷器正面
E——杆号牌、台区牌、基础
F1、F2——杆顶
G——通道
H——台区背面全貌
I——右边相和中相右侧绝缘子、并沟线夹
J——引流线、跌落式熔断器、验电接地环背面
K——变压器、配电柜、避雷器背面

图 4-6 台架杆巡检拍摄路径示意图

表 4-8 台架杆拍摄方法

拍摄部位编号	拍摄部位	示 例	拍 摄 方 法
A	台区正面全貌		拍摄角度:平视/俯视 拍摄要求:获取杆塔全貌,能够清晰分辨全杆和杆塔角度
B	左边相和中相左侧绝缘子、并沟线夹		拍摄角度:平视/俯视 拍摄要求:能够清晰分辨螺栓、螺母、锁紧销、绝缘子等小尺寸金具,金具相互遮挡时,采取多角度拍摄

续表

拍摄部位编号	拍摄部位	示 例	拍 摄 方 法
C	引流线、跌落式熔断器、验电接地环正面		拍摄角度:平视/俯视 拍摄要求:无人机下降至跌落式熔断器侧上方 2 m 左右拍摄,云台与水平面呈小于 20°角正面拍摄跌落式熔断器熔管、连接点、绝缘罩情况
D	变压器、配电柜、避雷器正面		拍摄角度:平视/俯视 拍摄要求:拍摄变压器全貌,能够拍清变压器套管有无破损、污秽,桩头绝缘罩有无松动、破损、缺失,导线接头处与外部连接有无松动,导线有无损坏、断股,本体有无爬藤、鸟巢,变压器有无漏油,油位计有无破损,接地下引线有无锈蚀、连接不良,有无标识,标识有无偏移或错误
E	杆号牌、台区牌、基础		拍摄角度:俯视 拍摄要求:能够清楚识别杆号
F1 (F2 略)	杆顶		拍摄角度:俯视 拍摄要求:位于杆顶,采集杆塔坐标信息

续表

拍摄部位编号	拍摄部位	示 例	拍 摄 方 法
G	通道		拍摄角度:平视 拍摄要求:与杆塔头平行,获取完整的通道概况图
H	台区背面全貌		拍摄角度:平视/俯视 拍摄要求:获取杆塔全貌,能够清晰分辨全杆和杆塔角度
I	右边相和中相右侧绝缘子、并沟线夹		拍摄角度:平视/俯视 拍摄要求:能够清晰分辨螺栓、螺母、锁紧销、绝缘子等小尺寸金具,金具相互遮挡时,采取多角度拍摄
J	引流线、跌落式熔断器、验电接地环背面		拍摄角度:平视/俯视 拍摄要求:无人机下降至跌落式熔断器侧上方 2 m 左右拍摄,云台与水平面呈小于 20°角正面拍摄跌落式熔断器熔管、连接点、绝缘罩情况

续表

拍摄部位编号	拍摄部位	示　例	拍摄方法
K	变压器、配电柜、避雷器背面		拍摄角度：平视/俯视 拍摄要求：拍摄变压器全貌，能够拍清变压器套管有无破损、污秽，桩头绝缘罩有无松动、破损、缺失，导线接头处与外部连接有无松动，导线有无损坏、断股，本体有无爬藤、鸟巢，变压器有无漏油，油位计有无破损，接地下引线有无锈蚀、连接不良，有无标识，标识有无偏移或错误

（六）柱上开关杆塔

柱上开关杆塔巡检拍摄路径如图 4-7 所示。

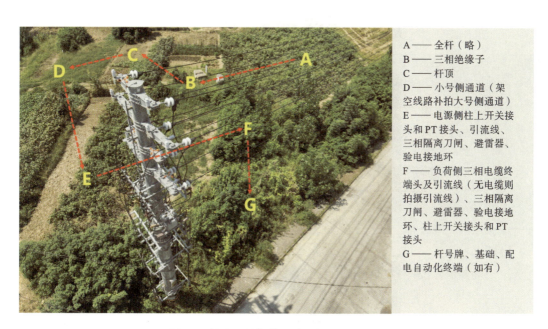

A——全杆（略）
B——三相绝缘子
C——杆顶
D——小号侧通道（架空线路补拍大号侧通道）
E——电源侧柱上开关接头和 PT 接头、引流线、三相隔离刀闸、避雷器、验电接地环
F——负荷侧三相电缆终端头及引流线（无电缆则拍摄引流线）、三相隔离刀闸、避雷器、验电接地环、柱上开关接头和 PT 接头
G——杆号牌、基础、配电自动化终端（如有）

图 4-7　柱上开关杆塔巡检拍摄路径示意图

柱上开关杆塔拍摄方法如表 4-9 所示。

表 4-9　柱上开关杆塔拍摄方法

拍摄部位编号	拍摄部位	示例	拍摄方法
B	三相绝缘子		拍摄角度：平视/俯视 拍摄要求：能够清晰分辨螺栓、螺母、锁紧销、绝缘子等小尺寸金具，金具相互遮挡时，采取多角度拍摄
C	杆顶		拍摄角度：俯视 拍摄要求：位于杆顶，采集杆塔坐标信息
D	小号侧通道（架空线路补拍大号侧通道）		拍摄角度：平视 拍摄要求：与杆塔头平行，面向小号侧拍摄，获取完整的通道概况图
E	电源侧柱上开关接头和PT接头、引流线、三相隔离刀闸、避雷器、验电接地环		拍摄角度：平视/俯视 拍摄要求：无人机下降至智能真空断路器侧上方 2 m 左右拍摄，云台与水平面呈小于 20°角拍摄智能真空断路器正面情况，视野应涵盖智能真空断路器"分""合"情况；云台与水平面呈大于 −20°角拍摄智能真空断路器连接点情况、避雷器接地引线情况、绝缘罩安装情况、控制箱外观情况

续表

拍摄部位编号	拍摄部位	示 例	拍摄方法
F	负荷侧三相电缆终端头及引流线（无电缆则拍摄引流线）、三相隔离刀闸、避雷器、验电接地环、柱上开关接头和PT接头		拍摄角度：平视/俯视 拍摄要求：无人机下降至智能真空断路器侧上方2 m左右拍摄，云台与水平面呈小于20°角拍摄智能真空断路器正面情况，视野应涵盖智能真空断路器"分""合"情况；云台与水平面呈大于－20°角拍摄智能真空断路器连接点情况、避雷器接地引线情况、绝缘罩安装情况
G	标识牌、基础、配电自动化终端（如有）		拍摄角度：俯视 拍摄要求：能够清楚识别杆号、设备标识、控制箱外观情况

第三节　无人机通道巡检

一、巡检内容

采用多旋翼无人机任务设备，对架空配电线路通道及线路周围环境采用拍摄和录像的方式进行图像信息采集。

无人机处于线路正上方，按照大、小号侧顺序沿着线的方向（有分支线时，先拍分支线再拍主线路），用可见光镜头俯视30°左右拍摄线路通道及线路周围环境照片。线路通道照片应含有当前杆塔至下基杆塔通道内可见光图像，应能清晰完整呈现杆塔的通道情况。配电通道巡检内容如表4-10所示。

表 4-10 配电通道巡检内容

巡检对象		检查线路本体、附属设施、通道及电力保护区有无以下缺陷、变化或情况
通道及电力保护区（外部环境）	建（构）筑物	有违章建筑等
	树竹	近距离有树竹等
	施工作业	线路下方或附近有危及线路安全的施工作业等
	火灾隐患	线路附近有烟火现象，有易燃、易爆物堆积等
	防洪、排水、基础保护设施	大面积坍塌、淤堵、破损等
	自然灾害	有地震、山洪、泥石流、山体滑坡等引起的通道环境变化
	道路、桥梁	巡线道、桥梁损坏等
	采动区	采动区出现裂缝、塌陷等
	其他	有危及线路安全的飘浮物、藤蔓类植物攀附杆塔等

二、无人机通道巡检作业流程

在架空配电线路中，通道巡检主要是利用无人机搭载可见光照（摄）像设备对线路通道隐患进行巡检，通过采集的可见光数据开展配电线路树竹隐患分析、交叉跨越分析等。

作业流程分为三步：作业准备、作业实施和数据处理。

作业准备包括：资料查阅、现场勘察、工作票（单）办理、装备出库领用。

作业实施包括：作业现场布置、装备航前检查、无人机起飞、杆塔通道巡检、无人机返航回收、装备入库归还。

数据处理包括：成果数据整理、缺陷识别、缺陷报告出具。

无人机通道巡检作业流程如图 4-8 所示。

部分作业流程及作业要点介绍如下。

（一）作业准备

1. 资料查阅

查阅配电线路图纸资料，提前了解配电线路走向、配电线路设备规模。

2. 现场勘察

（1）巡检前，工作负责人到巡检线路现场进行勘察，核对巡检线路名称及杆塔编号。

（2）检查作业区域和飞行空域是否符合相关管理办法的规定。

（3）提前了解作业现场当天的天气情况，决定能否进行作业。

（4）观察巡检区段实际地形地貌及海拔变化，巡检线路是否存在交叉跨越情况或邻近其他线路，线路通道及附近是否有道路、建筑、树竹、水域、基站、禁飞区及人口密集

第四章 无人机巡检作业

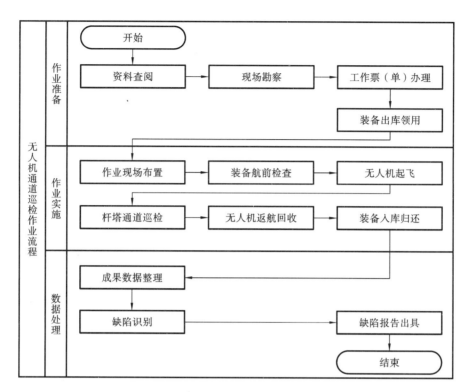

图 4-8 无人机通道巡检作业流程

区等。

（5）初步选取合适的起降场地（建议多选几个场地备用）。

3. 工作票（单）办理

完成现场勘察后，申请工作票（单），填写相关信息。

4. 装备出库领用

（1）根据任务需求，工作负责人向库房管理员提交领用准备申请，由库房管理员负责对出库设备的数量、规格、型号及备品备件等信息进行核查，做好出库记录后方可前往作业现场。

（2）工作负责人对出库的无人机本体、电池和其他模块等进行核对及检查，确保操作功能正常、电池电量充足，以满足巡检作业要求。

（二）作业实施

1. 作业现场布置

（1）选取空旷无遮挡、人流量小、电磁干扰少的场地作为起降场地。

（2）无人机、工器具应分区摆放，现场布置应整洁、有序，无人机起降时，作业人员应站在无人机尾端，并保持 5 m 以上安全距离。

(3) 在城区或通行道路上起飞时,起降场地周围应装设围栏或加挂警示标志牌,必要时派专人看管。

2. 装备航前检查

严格按照无人机操作规范及使用说明书要求组装或检查无人机、任务载荷及通信设备。重点检查无人机的连接部件是否牢固、转动部件是否灵活、电池电量是否充足、系统自检是否正常、遥控器控制模式是否符合作业人员习惯,以及任务载荷的云台自检是否正常、相机模块功能是否正常等。

3. 无人机通道巡检通用设置

无人机通道巡检通用设置如表 4-11 所示。

表 4-11　飞行器通道巡检通用设置

参数类型	参数名称	参数设置
飞控参数设置	返航高度设置	高于返航航线区障碍物 30 m
	失控行为设置	失控自动返航
	感知避障设置	开启
	智能低电量返航	开启

4. 杆塔通道巡检

进行杆塔手动控制通道巡检时,工作人员自主操控无人机按照既定的飞行及巡检拍摄要求进行工作,飞行及巡检拍摄要求如下。

(1) 俯拍。

手动控制时,无人机始终位于线路正上方,保持垂直距离高于线路约 30 m,云台俯仰角为 -45°~-30°,飞行速度为 6~8 m/s,重点拍摄配电线路通道树竹、大档距、裸导线跨鱼塘等缺陷隐患,云台相机画面应包含当前杆塔头、下一基杆塔杆塔头、当前档导线三要素。

(2) 近距离拍摄。

确认树竹是否超高、树竹是否与运行线路保持安全距离时需要进行近距离拍摄,拍摄设备近景图时,应提前确认线路设备周围情况,如:附近有无高秆植物,有无其他高压线路、低压线路或通信线,有无拉线,有无其他可能对无人机造成危害的障碍物。无人机拍摄时,应保持与树竹隐患最接近的导线水平,后侧至少保持 3 m 安全距离。如无人机受电磁或气流干扰,应向后轻拨摇杆,令无人机水平向后移动。使用无人机失控自动返航功能时,禁止令无人机在高/低压导线、通信线、拉线正下方飞行,以免无人机失控自动返航时,撞击正上方线路。对于有拉线的杆塔,严禁无人机环绕杆塔飞行。拍摄时应以低速、小舵量对无人机进行控制。

(3) 降低飞行高度。

无人机需要降低高度飞行时,摄像头应垂直向下,当遥控器显示屏可以清晰观察到下降路径情况时方可降低飞行高度。降低飞行高度前应规划好无人机升高线路,避免无人机撞击上侧盲区物体。

(4) 转移作业地点。

无人机转移作业地点前,应上升至高于线路及转移路径上全部障碍物的高度,再沿直线向前飞行。

5. 巡检要点

(1) 平原线路。

平原地区飞行条件良好,理想条件下单架次可完成 5 km 线路的通道巡检工作,应重点关注电池电量、无人机图传信号强度,尽量保持信号满格。

(2) 山区大高差线路。

山区大高差线路通道巡检应提前做好无人机限高解禁相关准备,并选择合适的起飞点以节约电量。同时由于线路爬升率较高,作业时应时刻关注无人机图传信号质量、风速告警等情况,并留意返航电量,确保飞行安全。

(3) 长档距线路。

长档距线路往往伴随着较大弧垂,应在长档距线路的中央位置增设巡检航点。对于长档距线路跨越山谷、河谷、河道等的场景,往往高空条件复杂,应时刻关注无人机风速告警、返航电量等情况,确保飞行安全。

(4) 不同电压等级线路交跨。

高层线路巡检可适当降低航线高度,低层线路巡检应注意观察交跨情况避免撞线。在存在交跨的线路区段应调整巡检路径。

(5) 线路跨越交通道路。

作业时应格外关注无人机飞行状态,避免产生意外影响交通安全,在对跨越铁路的线路进行巡检前,应确保已获取空域飞行许可。道路上行驶的车辆会导致产生虚焦,手动点触屏幕可调整回拍摄目标。

6. 装备入库归还

巡检完毕后,工作负责人对无人机设备等进行核对及检查,确认无问题后归还至库房,由库房管理员进行核对,核对无误后应做好入库记录。

第四节　无人机红外巡检

一、应用场景

在无人机上搭载红外影像设备,能够在短时间内对区域性的配电网进行全方位的巡检，这对于及时发现配电网中的安全隐患、确定电网故障问题都有极大的帮助作用。目前，无人机红外影像技术在配电网巡检应用中取得成效。红外影像能够直观地反映巡检对象不可见的红外线辐射的空间分布，并且可通过分析巡检对象的温度变化和波长发射率，直观地看出配电网是否存在故障隐患。

在作业现场进行红外测温时，建议选取双光版无人机，在实时测温状态下若发现温升异常，可通过可见光相机对其拍照进行双重缺陷信息分析，在存在接头松动、导线接触不良的情况下快速定位缺陷类别。

二、巡检内容

无人机测温部位与缺陷类别如表 4-12 所示，红外温度分析图如图 4-9 所示。

表 4-12　无人机测温部位与缺陷类别

部　位	一般缺陷	严重缺陷	危急缺陷
导线连接处	75 ℃＜实测温度≤80 ℃	80 ℃＜实测温度≤90 ℃	实测温度＞90 ℃
线夹电气连接处			
开关连接处			
配电变压器接头连接处			

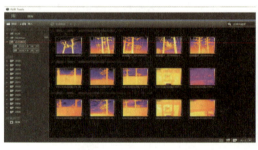

图 4-9　红外温度分析图

大气、云烟都可以吸收可见光和近红外线，在配电网巡检过程中使用普通摄像仪，所呈现出的图像不够完整，而红外热像仪则能够无视大气、云烟的影响，清晰地观察巡检目标，保证图像的清晰度。配电网中电气设备、线路对外热辐射能量的大小与自身的温度有关，利用红外热像仪能够对待测目标进行无接触的温度测量，这也是红外影像技术在无人机巡检中得以应用的关键所在。

三、无人机红外巡检作业流程

在架空配电线路中，无人机红外巡检主要是利用无人机搭载红外检测设备，深度挖掘设备本体缺陷和隐患,检查线路本体设备上是否存在导线、地线、金具、绝缘子发热情况。

作业流程分为三步:作业准备、作业实施和数据处理。

作业准备包括:资料查阅、现场勘察、工作票(单)办理、装备出库领用。

作业实施包括:作业现场布置、装备航前检查、无人机起飞、检测任务执行、无人机返航回收、装备入库归还。

数据处理包括:成果数据整理、检测结果判定、缺陷报告出具。

无人机红外巡检作业流程如图 4-10 所示。

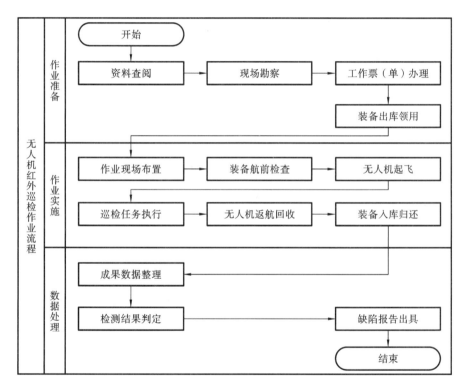

图 4-10 无人机红外巡检作业流程

部分作业流程与作业要点介绍如下。

(一)作业准备

1. 资料查阅

查阅配电线路图纸资料,提前了解配电线路走向、配电线路设备规模。

2. 现场勘察

(1)巡检前,工作负责人到巡检线路现场进行勘察,核对巡检线路名称及杆塔编号。

(2)检查作业区域和飞行空域是否符合相关管理办法的规定。

(3) 提前了解作业现场当天的天气情况,决定能否进行作业。

(4) 观察巡检区段实际地形地貌及海拔变化,巡检线路是否存在交叉跨越情况或邻近其他线路,线路通道及附近是否有道路、建筑、树竹、水域、基站、禁飞区及人口密集区等。

(5) 初步选取合适的起降场地(建议多选几个场地备用)。

3. 工作票(单)办理

完成现场勘察后,申请工作票(单),填写相关信息。

4. 装备出库领用

(1) 根据任务需求,工作负责人向库房管理员提交领用准备申请,由库房管理员负责对出库设备的数量、规格、型号及备品备件等信息进行核查,做好出库记录后方可前往作业现场。

(2) 工作负责人对出库的无人机本体、电池和其他模块等进行核对及检查,确保操作功能正常、电池电量充足,以满足巡检作业要求。

(二)作业实施

1. 作业现场布置

选择合适的起降场地,原则如下。

(1) 宜选择地势较为平坦、无影响降落的植被的场地,场地应满足无人机自主起降条件。

(2) 宜选择能通视巡检线路或能看到杆塔基础与杆塔塔身、信号遮挡较少的位置。

(3) 尽量避免选择周围有高大建筑、线路或树竹等障碍物,或地下存在电缆等干扰源的场地,以保证巡检全过程的遥控、通信质量良好。

(4) 尽量避免将起降场地设在巡检线路或无人机飞行路线下方、交通繁忙道路及人口密集区附近。

2. 装备航前检查

严格按照无人机操作规范及使用说明书要求组装或检查无人机、云台、图传信号、卫星信号、RTK 信号及通信设备。重点检查无人机的连接部件是否牢固、转动部件是否灵活、电池电量是否充足、系统自检是否正常、云台自检是否正常、相机模块功能是否正常等。

3. 参数设置

无人机红外巡检参数设置如表 4-13 所示。

表 4-13 无人机红外巡检参数设置

参　　数	设　　置
增益模式	高增益模式

续表

参　　数	设　　置
调色盘	热铁、铁红、描红
红外测温参数	依据真实情况设置
传感器灼伤保护	开启
高温报警	依据巡检工作性质设置
自动 FFC	开启

（1）增益模式：电力设备巡检作业在绝大多数情况下都使用高增益模式，以获得更高的测温精度，在极少数情况下（如大电流导致导线连接处螺栓已熔化）异常温度会超过 150 ℃。

（2）调色盘：对于电力设备巡检作业，为了清晰呈现关键设备的轮廓及温度，日间作业推荐使用铁红、热铁配色，夜间作业推荐使用描红配色，用铁红配色观察电力设备运行情况的效果如图 4-11 所示。

图 4-11　用铁红配色观察电力设备运行情况的效果

（3）红外测温参数：在飞控 APP 中修改目标辐射率及测温距离，通过这两项参数进行测温结果修正，目标辐射率可参考表 4-14 选取。

表 4-14　常见电力设备材料的目标辐射率

材　　料	目标辐射率
硅橡胶（含 RTV、HTV）类	0.95
电瓷类	0.92
金属及氧化金属	0.9

（4）传感器灼伤保护：保持开启，红外传感器应避免对准温度超过 800 ℃ 的目标，否则会有灼伤红外相机的风险。

(5) 高温报警：使用区域测温模式时，可开启高温报警功能，根据巡检对象设定不同的报警温度，当画面区域中温度超过设定温度时，遥控器会发出声音报警。

(6) 自动 FFC（平场校正）：推荐开启自动 FFC 开关，改变拍摄对象或背景变化较大时（例如由向阳面变为背阳面），推荐手动触发 FFC 功能以消除一段时间内累积的测温误差。

4. 杆塔红外巡检

杆塔精细化巡检可以采取手动控制和自主飞行的方式进行开展，采取自主飞行方式需要使用对应的飞控 APP 完成航线导入、航线上传操作，自主完成巡检作业。手动控制方式下，工作人员自主操控无人机按照既定的飞行及巡检拍摄要求进行相应拍摄工作。

(1) 拍摄距离。

自主飞行方式下，无人机应与配电线路及外部其他设施、设备保持足够的安全距离，夜间作业时需要额外考虑夜间视野不清晰、人员对周围环境灵敏度下降等因素，增加安全距离。若采用手动控制方式，考虑到人员操作水平和经验，应留足安全裕度，确保飞行安全。

飞行时，可用测距雷达确定距离，或将避障告警距离设置为测量距离，当飞控软件（APP）中的避障感知罗盘变为黄色，且听到告警提示音时，代表无人机在水平方向上与目标的距离为测量距离。当云台俯仰角度不大时，可以由此来大致判断与目标物体的距离。

(2) 拍摄角度。

拍摄角度的选择总体上遵循"主体明确、背景单一、画幅饱满"的原则进行。对于一般目标，应优先使用云台上仰角度，尽量以纯净的天空为背景进行拍摄，如图 4-12 所示，避免以塔材、建筑物、植被等为背景使得目标设备难以辨认，甚至在后续的分析处理环节中难以进行数值测量。

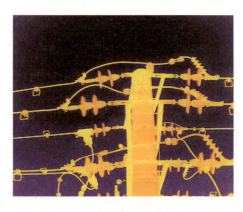

图 4-12 以天空为背景进行拍摄的呈现效果

(3) 降低飞行高度。

无人机需要降低高度飞行时,摄像头应垂直向下,当遥控器显示屏可以清晰观察到下降路径情况时方可降低飞行高度。降低飞行高度前应规划好无人机升高线路,避免无人机撞击上侧盲区物体。

(4) 转移作业地点。

无人机转移作业地点前,应上升至高于线路及转移路径上全部障碍物的高度,再沿直线向前飞行。

5. 红外检测的时间与环境要求

红外检测的时间与环境要求如表 4-15 所示。

表 4-15　红外检测的时间与环境要求

项　目	普　测	复　核
温度	≥0 ℃	≥20 ℃
相对湿度	≤85%	≤70%
风速	≤5 m/s	≤1.5 m/s
作业时间	避免正午前后强光照时段	傍晚或夜间
天气情况	巡检当天无雨、雾、霾、雪等气象	巡检前一天至当天无雨、雾、霾、雪等气象

第五节　无人机故障巡检

一、无人机故障巡检作业流程

在架空配电线路中,无人机故障巡检是在线路发生故障后,不论开关重合是否成功,线路运检单位均应根据气象环境、现场巡检情况等信息初步判断故障类型而组织的巡检工作。使用无人机对故障区段进行可见光巡检,必要时进行通道巡检,目的是找出确切故障痕迹、故障点,确定受损情况和故障原因。巡检的范围视情况可为特定区段、特定部件或者全线。

作业流程分为三步:作业准备、作业实施和数据处理。

作业准备包括:故障范围明确、工作票(单)办理、装备出库领用。

作业实施包括:装备航前检查、无人机起飞、故障特殊巡检、故障点汇报、无人机返航回收、装备入库归还。

数据处理包括:成果数据整理、故障报告编制、数据归档。

无人机故障巡检作业流程如图 4-13 所示。

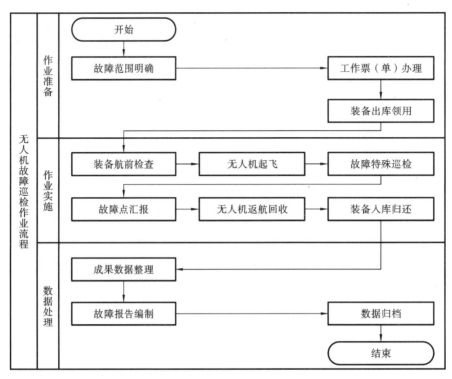

图 4-13 无人机故障巡检作业流程

二、故障拍摄模块

应根据设备故障类型,主要针对塔身、绝缘子、金具、导线、通道环境等获得调度信息并进行初步判断后,调用相关故障拍摄模块,进行故障巡检航迹规划,故障拍摄模块如表 4-16 所示。

表 4-16　故障拍摄模块

故障类型	放电痕迹发生部位	故障拍摄模块
雷击	绝缘子表面	绝缘子表面、金具、地线
鸟害	绝缘子表面	绝缘子表面、金具
风偏	导线、地线、杆塔构件及导线周边物体上	导线、地线、塔身、导线周边物体、通道环境
外力破坏	导线	导线、导线周边物体、通道环境
污闪	绝缘子	绝缘子表面、钢帽
覆冰	导线、地线、杆塔构件及导线周边物体上	导线、地线、塔身、导线周边物体、通道环境

三、拍摄原则

1. 基本原则

无人机故障巡检应根据配电设备结构选择合适的拍摄位置,尽可能从多角度拍摄目标设备。可结合配电自动化故障定位模块确定巡检范围,便于缩小故障巡检区间并进行下一步故障点查找工作。

2. 雷击故障拍摄原则

雷击放电痕迹主要表现为绝缘子上表面烧伤,绝缘子下表面不会有明显痕迹。瓷质绝缘子放电痕迹明显,烧伤点中心呈白色或白色区域夹杂黑点,痕迹边缘呈黄色或黑色,钢帽有银白色亮斑。玻璃绝缘子放电痕迹不明显,表面的烧伤点会有小块的波纹状痕迹。复合绝缘子烧伤痕迹明显,烧伤点中心呈白色,逐步向外过渡成棕色,均压环上会有明显的主放电痕迹或熔孔。

拍摄主要针对故障相绝缘子表面、金具,故障杆塔地线,由于放电痕迹主要表现为绝缘子上表面烧伤,应尽可能采取俯视多角度拍摄方案。

3. 鸟害故障拍摄原则

鸟害故障产生的主要原因有鸟粪闪络、鸟粪污闪,在故障处上方一般会发现鸟巢,或在绝缘子串上观察到长串鸟粪,且绝缘子的上表面和钢帽上会有烧伤痕迹。

拍摄主要针对故障相绝缘子表面、金具,由于放电点和鸟粪多位于绝缘子、金具上方,且横担上可能有鸟巢,应尽可能采取俯视多角度拍摄方案。

4. 风偏故障拍摄原则

风偏故障涉及导线对杆塔构件放电、地线线间放电、导线对周边物体放电三种形式,导线对杆塔构件放电又分为直线杆塔上导线对杆塔构件放电和耐张杆塔的跳线对杆塔构件放电。

拍摄应从巡检区间第一基杆塔开始,针对故障相可能放电的塔身等主材进行拍摄,随后沿导/地线进行巡检拍摄,导线尽可能采用外侧和上侧的拍摄方式,如未发现放电痕迹,可在保证飞行安全的前提下在内侧拍摄。

5. 外力破坏故障拍摄原则

架空配电线路外力破坏故障指人有意或者无意造成的配电线路部件的非正常状态,主要包括六类,即保护区内违章机械施工、异物短路、树竹砍伐吊装、违章垂钓碰线、人为偷盗及蓄意破坏、通道烟火。外力破坏故障下,会在导线上出现大面积烧伤痕迹或出现断股现象。对于保护区内违章机械施工情况,通常在机械停放的地面上也会有大片烧焦痕迹;对于树竹砍伐吊装情况,导线上会有多个放电点分散分布,导线下方树竹枝头会有高温烧焦痕迹。

拍摄应从巡检区间第一基杆塔开始,沿故障相导线进行拍摄,并保证导线照片连续。同时应有通道环境照片,用于辅助识别通道内有无大型机械、超高树竹等可能导致事故的隐患点。

6. 污闪故障拍摄原则

在潮湿、大雾、毛毛雨、雨夹雪等天气下,综合绝缘子污秽程度,重污区绝缘子串经常会发生大面积的污闪,污闪故障发生时,绝缘子表面会有较大程度的积污,钢帽和绝缘子表面会有明显的放电痕迹,绝缘子串中存在低零值时甚至会发生掉串现象。

拍摄主要针对故障相绝缘子表面、钢帽放电痕迹主要在绝缘子表面,应尽可能采取多角度拍摄方案。

7. 覆冰故障拍摄原则

覆冰故障有导线覆冰后对地距离不足而放电、地线覆冰后对导线距离不足而放电、导线脱冰跳跃对地线距离不足而放电、覆冰断线等几种形式。放电点类似风偏故障,通常在导线对地线、导线对杆塔构件及导线对周边物体上,同时杆塔、导线下方存在大量脱落的覆冰。

拍摄应从巡检区间第一基杆塔开始,沿故障相导线进行拍摄,并保证导线照片连续,用于观察导线表面放电点和是否存在断线情况。同时应有通道环境照片,用于辅助识别通道内有无脱落覆冰。

第六节 无人机竣工验收

一、应用场景

每年都有大量的改造的和新建的架空配电线路,根据架空配电线路施工及验收要求,架空配电线路运维管理单位需要对架空配电线路电杆基坑、电杆、拉线、导线、横担、金具、绝缘子、接地工程、交叉跨越等项目进行验收,这些验收项目中的大量关键点需要进行高空检查。在传统的验收过程中,验收人员在勘察现场时往返于各杆塔基础和关键点之间,由于地形、环境等因素,大量时间被浪费在路上。此外,验收人员需要爬杆验收等,存在安全风险。利用无人机灵活、可近距离检测线路设备等的特点,将无人机应用于架空配电线路验收工作可以提高验收效率、减少工作量和降低事故发生概率。在架空配电线路验收巡检工作中,运检班组参与线路工程中间验收、竣工验收时,为了跟踪工程进度和质量,督促整改问题,通过可见光或扫描巡检方式逐项核实线路本体、通道情况,确保线路满足设计要求和竣工投运条件。巡检范围视情况可为特定区段、特定部件或者全线,主要分为本体验收与通道验收。为了开展好无人机竣工验收工作,需重视以下工作:对验收内容进行分解,明确无人机的工作任务,按照架空配电线路验收规范中的要求,对所有的验收内容进行分类甄别,以减少人工爬杆工作量等,充分发挥无人机机动灵活的特点,筛选出适合无人机进行验收的内容,如绝缘子串外观检查、线路通道树障、建筑物检查等。

建立架空配电线路无人机验收作业指导卡,做好验收记录存档工作,指导卡中应明确验收的内容和标准,验收影像资料随指导卡存档。

二、无人机竣工验收作业流程

作业流程分为三步:作业准备、作业实施和数据处理。

作业准备包括:资料查阅、现场勘察、工作票(单)办理、装备出库领用。

作业实施包括:装备航前检查、无人机起飞、精细化巡检(通道巡检)、无人机返航回收、装备入库归还。

数据处理包括:成果数据整理、缺陷隐患判定、验收报告出具。

无人机竣工验收作业流程如图 4-14 所示。

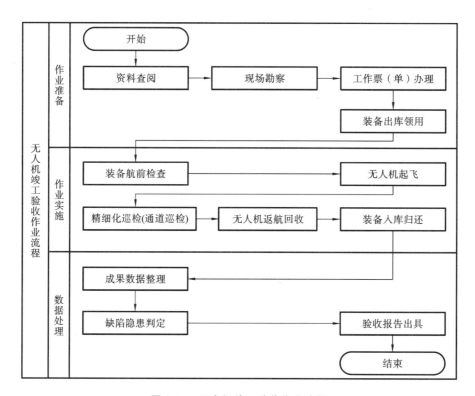

图 4-14 无人机竣工验收作业流程

无人机采集竣工线路设备后,由各方验收人员对无人机采集回的照片、三维建模情况按照验收作业指导卡逐项开展验收工作。对交接验收过程中发现的问题提出明确的整改意见和整改时间要求,由建设管理部门和验收工作组双方在设备交接验收问题汇总表(见附录 A.2)上签字确认。验收完成后形成正式验收意见并汇报给验收工作负责人进行汇总,提交建设管理部门。对验收过程中发现的不满足送电条件的问题,由建设管理部门按要求组织整改,整改完成后及时通知设备运检单位(管理部门)组织复核(复检),由无人机班对设备交接验收问题整改情况汇总表(见附录 A.3)进行复核,整改复核完毕后,报送停送电计划,经审批后,按计划开展设备送电试运行工作。

信息采集单位根据无人机照片及坐标将合格投运设备及时录入 PMS、GIS 系统。

更具体的无人机竣工验收的本体验收作业流程如图 4-15 所示。

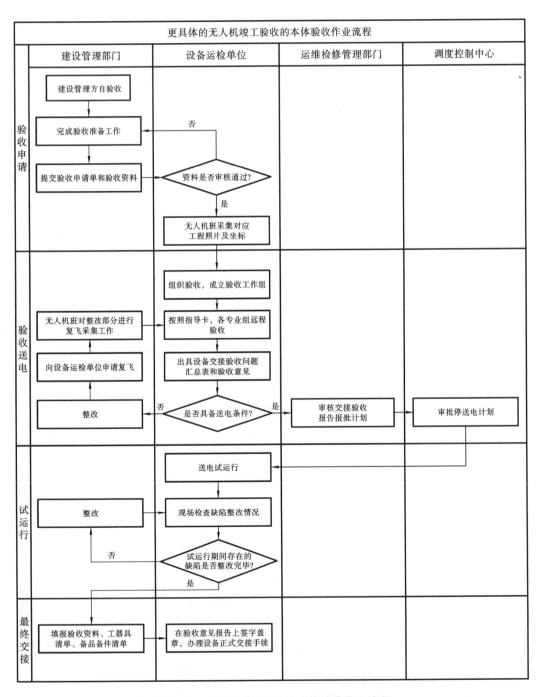

图 4-15 无人机竣工验收的本体验收作业流程

第四章 无人机巡检作业

三、巡检方式

1. 可见光照片拍摄

通过高倍率的数字、光学变焦云台进行精细化巡检,在高空多角度、近距离直观地对导线、开关、避雷器、绝缘子、金具等连接点、压接处施工工艺进行现场分析,巡检过程中对施工质量存在偏差的部位进行拍摄存档。在验收时针对发现的问题编制巡检报告提交给施工单位,在其对质量偏差部位进行整改后再次开展精细化巡检,查验整改情况。

示例如图 4-16 至图 4-18 所示。

图 4-16 绑扎不规范

图 4-17 少线夹绝缘防护罩

2. 三维激光雷达扫描

通过三维激光雷达扫描的方式进行三维模型重建工程的验收,基于高精度三维平台对地形、地貌、地物、通道、杆塔、线路进行角度量测、空间量测、水平量测、垂直量测、平面面积量测、相间距计算、弧垂计算等操作,可对新建配电线路进行验收校核,以有限的勘察成本促进验收质量大幅度提升。

工程三维激光雷达扫描图如图 4-19 至图 4-21 所示。

图 4-18 直板销钉缺失

图 4-19 相间距校核

图 4-20　引流线电气间距分析　　　　图 4-21　弧垂计算分析

第七节　无人机特殊巡检

一、应用场景

根据季节特点、设备内外部环境及特殊生产需要做出的加强性、防范性及针对性巡检,如清障巡检、应急救援巡检等。

1. 清障巡检

近年来,随着城市化进程的加速,配电线路外飘异物隐患不断攀升,引起线路跳闸,影响配电网安全经济运行。应加大巡检、宣传力度,在已发现隐患的情况下,除了应用传统的清障方法以外,也可以应用无人机搭载机械手臂清障。机械手臂使用折叠机构和鱼丝线传动机构,采用陶瓷材料,可有效防止产生拉弧现象和减轻了整体重量,保障无人机和操控系统正常工作。

2. 应急救援巡检

某些灾害情况下,救援人员无法第一时间到达现场对遇险人员实行救援措施,此时可应用无人机进行应急资源投放、安全道路指引;也可利用搭载红外热成像载荷设备的无人机对失踪人员进行搜索等。在第一时间进行应急援助,提高遇险人员救治率与突发情况下的应急响应率。

二、无人机特殊巡检配置

配电网无人机特殊巡检主要应用场景为清障、应急救援等,相关配置如表 4-17 所示。

表 4-17　配电网无人机特殊巡检配置

应用场景	配置
清障	可见光、机械手臂、喷火装置
应急救援	可见光、机械手臂、吊舱

三、配电网无人机特殊巡检作业方式

在特殊情况下(如发生地震、泥石流、山火、严重覆冰等自然灾害后)或根据特殊需要,采用无人机进行灾情检查和其他专项巡检。灾情检查主要是对受灾区域内的配电线路设备状态和通道环境进行检查和评估。无人机特殊巡检主要应用特定无人机搭载特定载荷设备开展工作。

(一)清障

在进行电力线路清障作业时,技术人员将各类光学设备、定位设备装配在无人机上,实现对超高树竹及建筑状况进行全面的观测与分析,并通过定位设备了解相关区域的所在位置,继而帮助运维人员进行相关处理。

清障作业应用中大型六轴或八轴多旋翼无人机搭载各类光学设备、定位装置等,如通过集成无线电控制的直流微型电子隔膜油泵,可喷射出油柱,利用特斯拉线圈原理在油柱出口处生成电弧,借助电弧点燃油柱形成火焰,在FPV操控模式下高效安全地进行带电清除飘挂物作业;另外,可将激光模组、控制器、电源等设备搭载在多旋翼无人机上,调整无人机位置使激光模组的焦点对准输电线路异物表面,遥控接通激光模组电源,利用激光会聚的温度将异物烧断清除。

(二)应急救援

随着多旋翼无人机运输装载技术的发展,多旋翼无人机的多种载荷可全面支持应急救援工作。夜间可以搭载探照灯,给搜救人员提供照明支持;喊话系统可向受灾群众及时传递信息、引导疏散;搭载生命探测仪可高效率搜救事故灾难中的幸存人员;搭载投掷系统可精准投放医疗用品、食物、水等应急救援物品。

应急救援巡检作业多以手动控制方式为主,巡检作业期间,必须配置两名及以上飞行作业人员,提高作业有效性,保障作业安全。

第八节 无人机局部放电巡检

一、应用场景

局部放电是指在绝缘材料中由于电场强度过大或材料内部缺陷而产生的局部电荷放电现象。当绝缘材料中某一小部分电场强度过大,超过材料的击穿强度时,这部分就可能产生局部放电。局部放电会导致绝缘材料的结构和性能发生变化,进而降低绝缘性能,从而影响设备的正常工作。长期的局部放电可能导致设备发生故障,甚至引发严重的安全事故。因此,检测和预防局部放电对于确保电力设备的安全运行非常重要。

目前配电网中避雷器、绝缘子等线路部件的局部放电检测方法主要是人工现场观察,辅助红外、紫外成像或者声纹成像等技术手段进行检测。局部放电检测技术在电力系统的运行和维护中起着至关重要的作用,当前主要采用手持式声纹检测设备,工作人员在地面操作手持式声纹检测设备进行检测和问题数据采集,但是针对湖泊、森林、高山等环境较为复杂的地区,通过地面往往很难到达检测现场,或者即使到了现场,受限于现场的遮挡物、检测角度等限制,携带手持式声纹检测设备很难进行正常检测。随着技术的发展和电力系统复杂性的增加,局部放电检测技术的发展会趋向智能化、无人化。通过无人机搭载声纹检测设备进行在线检测,通过超声波探头检测超声波信号,将信号放大、滤波、整定,进行信号峰值检测和频率检测,最后与摄像头采集的图像一起经 GPRS 模块传输到监控中心的电脑上或者工作人员的手持移动设备中,方便电力工作人员快速找到问题所在并及时找到解决措施,避免潜在危害的发生。同时,监控中心进一步分析绝缘子缺陷的严重程度并形成检验报告,以便存储记录;以杆塔为单位,建立相关数据库,为检修工作提供科学依据,实现真正的配电线路快速巡检,提高工作效率。

二、巡检实例

目前,我国对配电网的检测还主要以人工巡检和定期预防性试验为主,检测技术手段滞后,缺乏对检测数据的深层次分析。无人机搭载局部放电检测装置,可在带电状态下对配电线路进行绝缘缺陷问题的快速检测,局部放电检测装置应具有优秀的抗噪性能,适合全地形作业,以灵活应对无人机巡检中的各种复杂环境,根据检测目标自动匹配频率与声压,实现声源的快速定位和声纹的准确分析,完成对多种放电类型的智能诊断,确保检测的高效性和故障定位的精准性。局部放电检测装置丰富了配电网巡检手段,提高了工作的安全性与有效性,且模块少、拆卸方便、易携带,为基层数字化班组赋能,提高了配电网智能化运检水平。

在供电公司某供电所使用 M300 无人机搭载 AC910 机载声纹相机对某 10 kV 配电网线路开展无人机带电检测。机载声纹相机是用于局部放电定位检测的专用分析设备,需要满足在繁杂的强噪声环境中,快速、灵敏、精确捕捉局部放电所产生的超声波,适用于架空配电线路远距离带电巡检及故障定位,并可对局部放电类型进行研判。AC910 机载声纹相机参数信息与实物图如图 4-22 所示。

部分检测报告如下。

C 相避雷器与导线连接处检测报告如表 4-18 所示。

传感器	麦克风数量	132个
	频带	2～96 kHz
	视场角	77°
	工作距离	5～15 m
	传感器灵敏度	－26dBFS
	帧速率	25FPS
图像存储	存储容量	256 GB
	图像格式	jpg、png
	视频格式	MP4
	视频总时长	48 h
	数字导出	蓝牙、USB
供电	供电方式	无人机供电
温度	温度范围	－20～50 ℃
特点	边缘计算	支持
	放电类型识别	支持电晕、沿面、悬浮三种放电类型识别
	重量	约1 kg
	尺寸	146 mm×160 mm×186 mm
	防护等级	IP31

图 4-22 AC910 机载声纹相机参数信息与实物图

表 4-18 C 相避雷器与导线连接处检测报告

检测日期	2023 年 4 月 5 日	天气	多云
温度	12 ℃	湿度	80%
风力等级	3～4 级	检测距离	8 m
检测结果图			

续表

高清图片	
现场图片	
PRPD 图谱	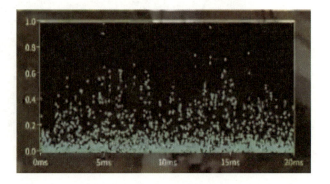

续表

检测结论	经过现场检测,声源位置固定在 C 相避雷器与导线连接处,声音信号稳定,结合 PRPD 图谱分析为悬浮放电。 造成悬浮放电的主要原因如下:① 金属部件连接松动,接触不良;② 开关合闸不到位,导体之间存在空隙等。 结合高清图片,判断为避雷器与导线接触不良引发局部放电
处理建议	检修该处避雷器

变压器配电箱检测报告如表 4-19 所示。

表 4-19 变压器配电箱检测报告

检测日期	2023 年 4 月 5 日	天气	多云
温度	12 ℃	湿度	80%
风力等级	3~4 级	检测距离	8 m
检测结果图			
高清图片			

续表

现场图片	
PRPD图谱	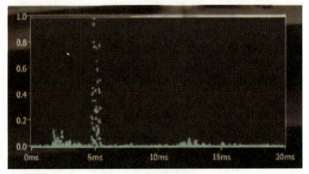
检测结论	经过现场检测,声源位置固定在配电箱右侧箱体缝隙处,声音信号稳定,结合PRPD图谱分析为电晕放电。 造成电晕放电的主要原因是在导体表面的毛刺或尖端处,产生电荷的异常聚集。 结合现场情况,判断配电箱内部存在局部放电
处理建议	检查该处配电箱,查明内部放电的原因

变压器B相进线导线检测报告如表4-20所示。

表4-20 变压器B相进线导线检测报告

检测日期	2023年4月6日	天气	雨转晴
温度	17 ℃	湿度	63%
风力等级	3级	检测距离	6 m

续表

检测结果图	
高清图片	
现场图片	

续表

PRPD 图谱	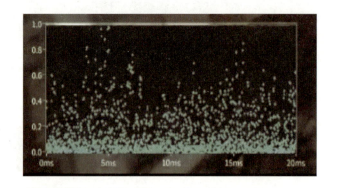
检测结论	经过现场检测,声源位置固定在变压器 B 相进线与外部导线接触位置,声音信号较为微弱,结合 PRPD 图谱分析为沿面放电。 造成沿面放电的主要原因如下:① 绝缘体脏污;② 绝缘体存在裂纹;③ 绝缘体处于低/零值等。 结合高清图片,判断为变压器 B 相进线导线与外部导线接触位置绝缘皮磨损引发局部放电
处理建议	检修该处变压器 B 相进线导线

耐张塔顶端绝缘子检测报告如表 4-21 所示。

表 4-21 耐张塔顶端绝缘子检测报告

检测日期	2023 年 4 月 6 日	天气	雨转晴
温度	17 ℃	湿度	63%
风力等级	3 级	检测距离	5 m
检测结果图			

续表

高清图片	
现场图片	

续表

RPD 图谱	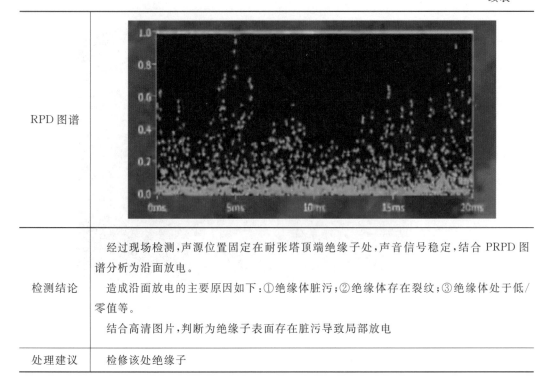
检测结论	经过现场检测,声源位置固定在耐张塔顶端绝缘子处,声音信号稳定,结合 PRPD 图谱分析为沿面放电。 造成沿面放电的主要原因如下:①绝缘体脏污;②绝缘体存在裂纹;③绝缘体处于低/零值等。 结合高清图片,判断为绝缘子表面存在脏污导致局部放电
处理建议	检修该处绝缘子

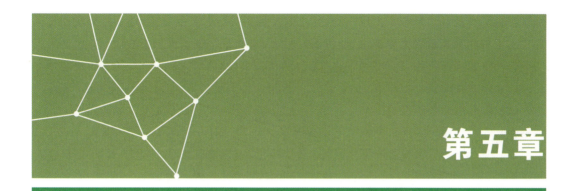

第五章

配电线路无人机自主巡检技术

第一节　无人机自主巡检技术

由于 RTK 精准定位技术的逐步成熟,无人机自主巡检技术也迎来了发展的黄金时期,各种基于精准定位的无人机自主巡检技术已开始应用于配电线路精细化巡检。当前最主流的方式为航线学习记忆方式,该无人机自主巡检技术具备航迹学习记忆、自主起降、自动飞行、自动拍摄等功能,初步实现了配电线路自主巡检功能。

自主巡检模块应具备在不借助其他基站设施的情况下直接接入网络 RTK 平台的功能,并获取网络 RTK 数据用于高精度定位,其导航模块应同时支持北斗、GPS、GLO-NASS 等导航定位系统;自主巡检模块应具备可适配避障模块的通信接口,可根据避障模块的数据进行主动避障;自主巡检模块应具备失控保护、一键返航、电子围栏、链路中断返航、断桨保护等多种安全保护措施。

另外,多旋翼无人机不间断巡检系统解决方案的出现,提供了另一种更为智能的自主巡检解决方案。该系统以无人机为载体,以无人机机场作为辅助,通过中央控制室(简称中控室)实现无人机全自动、智能化配电线路超视距巡检作业,实现电力巡检无人机的全自动快速更换电池功能,实现适配巡检功能需求的全自动更换吊舱功能。结合配电网现有的异常识别平台,积累配电网巡检数据,可以逐步实现典型缺陷、显著隐患的实时智能识别。此外,增加相应的日常飞行巡检管理模式、安全作业应急飞行模式,结合国网电力运检核心系统,形成巡检作业的配电线路全流程闭环体系,彻底打通"空中巡检—实时数据回传与处理—远程数据管理—指导消除配电网异常—大数据分析—形成可视化报告"的完整生态链条,从根本上解决在当前条件下难以高质量完成周期巡检计划的难题。

无人机作业流程设计如下。

(1) 自主从机场起飞。

(2) 自主巡检飞行与拍照。

(3) 自主精准降落机场。

(4) 进入机场后实现自主更换电池并可以在短时间内再次起飞巡检。

(5) 进入机场后实现自主更换吊舱(自动换工具)以支持白天与黑夜 24 h 的日夜定时巡航。

应指导无人机实现以下功能。

(1) 无须工作人员在场地进行控制,工作人员只需要坐在中控室即可观看实时回传图像和巡检视频。

(2) 指导无人机采集相应的配电网正常数据与异常数据,并建立无人机空中电力巡检图像数据库。

(3) 令无人机依据数据库逐步通过计算机进行深度学习算法训练,得出异常目标检测模型,使得无人机逐步实现自动化报警(此步骤需要借助配电网现有图像识别检测平台)。

(4) 发现异常后,在中控室可以获取异常点位的经纬度坐标数据,实现对电力检修人员的有针对性的调度。

(5) 无人机日常的定期巡检工作可以自动完成,一旦发现异常可以接受中控室工作人员的实时切换控制,可在人工控制下悬停飞行进行精细巡检。

此外,智能机场还包含小型气象站,内含风力、温湿度等天气监测传感器。

智能机场一般采用多旋翼无人机机场,其拥有机身绝缘性好、避障能力优秀等优势。根据地域气候的不同,机场内还可以选择配置恒温装置,实现恶劣气候下的自我保护。

第二节　无人机自主巡检航线采集技术

无人机自主巡检航线采集技术应用无人机搭载可见光、倾斜摄影、激光雷达等设备对线路通道、周边环境、沿线交跨、施工作业现场等进行扫描,并利用点云解算软件工具形成三维模型,以便及时发现和掌握配电线路环境的动态变化。目前常用及前沿的巡检技术包括在线任务录制、倾斜摄影(多角度照相测距)、激光雷达技术、自适应巡检。

1. 在线任务录制(RTK 行业机)

采用 RTK 行业机通过手动飞行的方式,记录线路环境状态信息、线路设备定位信息、绝对海拔高度、云台角度、相机动作等信息,能够完成多次重复飞行的高精度巡检任务,精度可达厘米级。可有效解决无模型、复杂环境下的自主巡检问题。可以覆盖以下几种常见作业场景：通道巡检、杆塔精细化可见光巡检、杆塔精细化红外巡检、数字化配电应用。可快速开展配电网巡检工作，初期投入成本低。

2. 倾斜摄影

无人机多角度影像三维重建技术（简称多角度影像技术）是计算机图形及遥感领域近年发展起来的一项新兴技术，突破了以往正射影像只能从垂直角度拍摄的局限，通过在同一飞行平台上搭载多台传感器，同时从一个垂直、四个倾斜的五个不同角度采集影像，将用户引入符合人眼视觉的真实直观世界。倾斜摄影不仅能够真实地反映地物情况，而且可以通过先进的定位技术，嵌入更精确的地理信息、更丰富的影像信息、更高级的用户体验，极大地提高了影像处理速度。在空中多个角度获取通道走廊高分辨率影像，由三维处理软件对通道完整准确的信息进行处理可自动生成通道走廊场景三维模型。快速高效的作业流程及逼真的场景还原效果，使多角度影像技术在通道巡检领域具有广阔的应用前景。

倾斜摄影的特点如下。

（1）可反映地物周边的真实情况。相对于正射影像，倾斜影像能使用户从多个角度观察地物，可更加真实地反映地物的实际情况，这极大地弥补了基于正射影像应用的不足。

（2）倾斜影像可实现单张影像量测。通过应用配套软件，可直接基于成果影像进行包括高度、长度、面积、角度、坡度等的量测，扩展了倾斜摄影在行业中的应用。

（3）建筑物侧面纹理可采集。针对各种三维数字城市应用，利用航空摄影大规模成图的特点，加上从倾斜影像批量提取纹理的方式，能够有效地降低城市三维建模成本。

（4）数据量小，易于网络发布。相较于三维 GIS 技术应用庞大的三维数据，倾斜摄影获取的影像的数据量要小得多，其可采用成熟的技术快速进行网络发布，实现共享应用。

将倾斜摄影应用于电力巡检中，可以大大提高检测效率与精度。通过无人机搭载倾斜摄影相机快速地扫描配电线路走廊、变电站等电力运行环境，经过后期计算处理恢复场景三维立体信息，可以为后期的电力巡检提供空间参考信息。

倾斜摄影的参数如表 5-1 所示。

表 5-1 倾斜摄影的参数

项 目	参 数
镜头数	5 个
倾斜角度	0°（1 个）、45°（4 个）
有效像素	单镜头为 2400 万像素，总体大于 1.2 亿像素
最小拍照间隔	≤1 s

在配电线路巡检过程中，将多角度倾斜摄影设备搭载到无人机本体上，通过调整倾斜

角度可实现不同角度的线路信息采集,使得倾斜摄影系统具备更强的复杂环境适应能力。无人机自主巡检结合倾斜摄影建模技术,可实现线路走廊实景的快速三维建模,通过将设备与现场信息有效结合,可实现对地表和空间位置、距离的在线量测,精度在 0.3 m 以内。系统通过结合历年状态信息,利用多数据融合预测算法,推测线路状态,确定检修日期,可大大提高巡检的科学化管理水平,提高工作效率。配电线路三维建模图如图 5-1 所示。

图 5-1　配电线路三维建模图

采用多旋翼无人机搭载可见光定焦镜头,对架空线路及通道进行拍摄,采集具有一定重叠率的照片数据,通过专业软件可生成可见光实景三维模型。

3. 激光雷达技术

目前无人机巡检采用最多的方式是用可见光摄像头配合多角度技术拍摄照片,但用可见光照片表达线路情况缺乏数据支撑,不能完全说明问题,多角度技术的精度不足。激光雷达测量系统具有快速性、非接触性、穿透性、全天候、高精度、高效率等优势,通过无人机激光点云扫描,便可获得线路高精度三维数据信息,依靠全数字、智能化数据处理流程,结合线路在线监测系统,实现对线路资料的数字化与可视化。

在范围小、时效性要求较高的无人机巡检工作中,可使用搭载小型激光雷达的消费级多旋翼无人机进行巡检作业。虽然其测量距离有限,仅有 20～30 m,但其可通过激光雷达实现导航、避障等多重功能,能获得带电体安全邻域范围内的各类危险点空间距离信息,其信息采集作业和数据处理过程迅速,应用成本低,适用于在基层班组配置。

激光雷达技术综合了扫描技术、激光测距技术、IMU 技术、GPS 技术、数字摄影测量及图像处理技术等多种技术,能快速准确地获取地表及地表上各种物体的三维坐标和物理特征,是一种先进的测绘技术。

激光雷达系统通常是由激光扫描仪、高精度惯导系统、高清晰度数码相机及系统控制电脑等部件组成的,能搭载在不同的平台上获取高精度的激光和影像数据,经后期处理可得到精确的地表模型及其他数字模型。

机载激光雷达系统由数字化三维激光扫描仪、姿态测量和导航系统、数码相机、数据处理软件等组成。

激光雷达技术的参数如表 5-2 所示。

表 5-2 激光雷达技术的参数

项 目	参 数
拍摄精度	绝对精度优于±12 cm；相对精度优于±5 cm
视野范围	垂直视野优于−16°~7°；水平视野优于 360°
扫描精度	±2 cm
激光等级	1 级（人眼安全）
激光器数量	≥32 个
点密度	110 点/m²
每秒激光点数量	≥70 万点
内部数据存储容量	512 GB
工作温度	−10~60 ℃
存储温度	−40~80 ℃
相机像素	2400 万像素
扫描频率	10 Hz
最大有效测量速率	720000 pts/sec

采用多旋翼无人机搭载激光雷达设备，对架空线路及通道进行扫描，获取具有绝对坐标值的三维激光点云数据，实现架空线路及通道高精度三维场景重建。配电线路模型如图 5-2 所示。

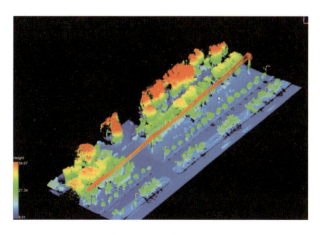

图 5-2 配电线路模型

多旋翼无人机续航时间相比固定翼无人机较短，普遍在 30 min 左右。现场勘察后选取线路附近的某基杆塔开始巡检工作，多旋翼无人机作业高度保持在线路上方 14~50 m，通道快速化巡检高度保持在线路上方 50 m，飞行速度保持在 10 m/s。使用 40 线程三维激光雷达飞行时，高度保持在线路上方 15 m，飞行速度保持在 7 m/s。作业过程中时刻观察 GPS、电量信息、遥控信息等。沿巡检航线飞行的过程中，在确保安全时，可根据巡检作业需要临时悬停或解除预设的程控悬停。作业结束后对通道快速化巡检影像、录像数据进行拷贝分析，对三维激光雷达生成的三维激光点云数据使用相应的解算软件进行处理。

4. 自适应巡检

配电网无人机自适应巡检是一种结合了先进人工智能（AI）技术的电力巡检方式，主要依赖于 AI 自适应技术和无人机自主巡检技术，AI 自适应技术使无人机能够智能识别电杆、自动避开障碍、自主拍摄关键部位情况。无人机自主导航、实时识别、自适应拍照等功能，显著提高了巡检的效率和安全性。

配电网无人机自适应巡检适用于新建的、未提前规划航线的、迁改较频繁的线路设备，通过目标识别与追踪算法自动完成杆塔识别与方向定位，自动寻找并飞向杆塔。默认拍摄点位包括塔头、塔右侧、塔后侧、塔左侧、塔前侧、通道，点位均可在杆塔信息确认框中选择。当有柱上开关、柱上变压器等柱上设备时，可勾选拍摄塔上设备，无人机将额外对识别到的塔上设备进行拍摄。作业完成后，将分别保存每一基杆塔的巡检照片及航线，用于支撑后续缺陷报告的生成、精细化巡检任务的执行。

第三节　基于激光点云建模的配电网无人机自主精细化巡检流程

配电网无人机自主精细化巡检主要采用的是大疆御 MAVIC 2 行业进阶版无人机等，这类无人机一般同时搭载了可见光镜头和红外镜头。可见光镜头主要用于分析杆塔本体、金具连接点、变压器、隔离开关等有无缺陷，同时还可查看大号侧及小号侧某档内是否有树障及影响配电线路正常运行的因素。红外镜头主要用于分析杆塔本体、金具连接点、变压器、隔离开关等处有无异常温升。

配电网无人机自主精细化巡检标准化作业有一套完整的流程，主要分为三大步骤：点云建模、航线规划、自主精细化巡检。

一、点云建模

（一）准备所需要的软硬件

1. 点云建模无人机

M300 RTK 或 M350 RTK 搭载 L1 或 L2 设备，如图 5-3 所示。

图 5-3 点云建模无人机

2. 遥控器

M300 RTK SDK 或 M350 RTK SDK,如图 5-4 所示。

3. 基站

M300 RTK DRTK-2 或 M350 RTK DRTK-2(如地区无网络),如图 5-5 所示。

图 5-4 遥控器　　　　　　图 5-5 基站

4. 笔记本电脑

用于连接信息化外网。

5. 大疆智图软件（电力版）

大疆智图软件图标如图 5-6 所示。

6. 自主精细化巡检无人机

常见机型如图 5-7、图 5-8、图 5-9 所示。

图 5-6　大疆智图软件

图 5-7　大疆御 MAVIC 2 行业进阶版无人机

图 5-8　DJI MAVIC 3T

图 5-9　DJI MAVIC 3E

（二）进行配电线路通道扫描

利用 M300 RTK 或 M350 RTK 搭载 L1 或 L2 设备，对配电网的 10 kV 主线路进行通道扫描和可见光拍照。通过扫描采集点云数据，结合可见光照片对点云数据进行附色，得到带真彩的点云数据。

（三）利用大疆智图软件进行激光点云建模

将带真彩的点云数据存储到内存卡中，上传至电脑，利用大疆智图软件，完成激光点云的建模。

（1）打开"DJI Terra"大疆智图软件，如图 5-10 所示。

（2）点击左下角的"新建任务"按钮，如图 5-11 所示。

图 5-10 "DJI Terra"大疆智图软件

图 5-11 "新建任务"按钮

（3）点击"激光雷达点云"，如图 5-12 所示。

（4）在任务名称处填写所扫描线路区段名称。

（5）在右上角的文件处添加修改命名后的原文件。

（6）在激光雷达点云处选择"按百分比"，设置为"中（25%）"，高百分比会使 LAS 点云文件过大，加大后续操作难度。

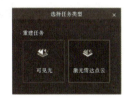

图 5-12 点击"激光雷达点云"

（7）在高级设置处点选"已知坐标系"，如图 5-13 所示。以湖北地区为例，坐标系一般选择 WGS 84/UTM zone 49N/50N，以坐标经度 114 度为界线，杆塔坐标经度小于等于 114 度选择 49N，大于 114 度选择 50N。

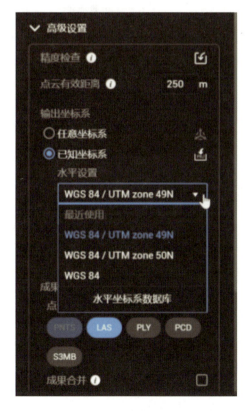

图 5-13 高级设置

(8) 成果格式处选择"PNTS"和"LAS",如图 5-14 所示。

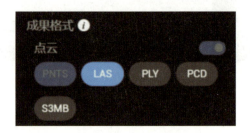

图 5-14 成果格式选择

(9) 在右下角处选择"开始处理",如图 5-15 所示。

图 5-15 "开始处理"按钮

(10) 等待 LAS 点云文件重建,重建完成后在主页左侧重建文件下方点击文件夹图标,选择"lidars"(见图 5-16),选择"terra_las"(见图 5-17),把 LAS 点云文件的文件名(见图 5-18)更改为所扫描线路区段的名称后即得到该线路区段点云文件。

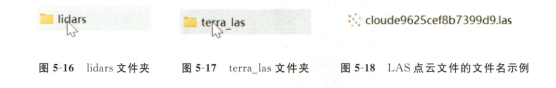

图 5-16 lidars 文件夹   图 5-17 terra_las 文件夹   图 5-18 LAS 点云文件的文件名示例

二、航线规划

(1) 完成建模后,新建精细化巡检任务,如图 5-19 所示(未激活设备无精细化巡检功能,可在大疆官网免费申请 30 天试用期)。

(2) 首次进入任务会出现精细化巡检航线规划引导,请仔细阅读引导文档。

(3) 在任务设置页面,可命名任务名称、选择适配飞行器及选择规划模型,或导入带有坐标系的第三方点云 LAS 文件实现航线规划。

(4) 在导入第三方点云模型时,若未检测到点云的坐标系,则需要手动选择对应的坐标系及投影带,等待处理完成后,即可开展航线规划工作。

(5) 根据所选机型设置合适的拍摄距离(全塔、塔身等一般设置 25～30 m;中相大号侧绝缘子导线端挂点、左/右相小号侧绝缘子串等一般设置 4～6 m)、航线速度及初始速度(5 m/s),若拍摄距离较近,建议降低航线速度以保证飞行安全。

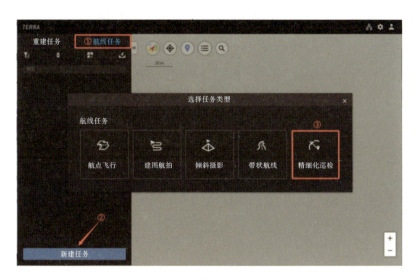

图 5-19 新建精细化巡检任务

（6）按住鼠标滚轮旋转模型至合适角度，使用鼠标左键点击选取目标点。选取目标点后，会依据当前界面所示的角度，生成对应的航点。左侧模拟相机界面可以显示当前航点预期拍摄的画面；每个航点均可通过键盘上的上、下、左、右键对无人机视角方向进行调整，调整过程中，航点将会以拍摄距离为半径、以目标点为圆心进行偏移。

如需在两航点间插入一个航点，如想在航点 05 至航点 06 中间插入新航点，可鼠标左键点击航点 05 后再点击需拍摄部位生成新航点 06，则原航点 06 自动变更为航点 07，即实现了航点插入，左侧界面将显示当前航点预期拍摄的画面及该航点的各种飞行信息。

（7）可通过点击右上角的航点名称进行重命名，也可在现有航点动作上添加更多航点动作及对航点动作进行重新命名和删除，删除动作后该点位即变成辅助点位。

（8）为保证飞行安全，建议将航线首尾两点选取在配电塔两侧安全区域，便于航线拼接及连续飞行。在首个航点处建议设置标记位置，用于验证航线/设备状态是否正常，保证飞行器（无人机）进入航线时状态正常。

航线编辑完成后，即可在右上方找到航线导出功能将航线导出为 kml 或 kmz 格式的文件，可将文件导入遥控器中指导无人机飞行。

将航线文件导入遥控器有以下两种方法。

（1）SD 卡导入。

执行任务前拷贝航线文件到 SD 卡内，再将 SD 卡插入遥控器，在遥控器中把航线文件复制到内部存储空间后取出 SD 卡放入机身，用于存储精细化巡检照片。在 SD 卡数量充足的情况下也可以直接使用卡内的航线文件，在机身插入另一张卡存储照片。

（2）遥控器导入。

开启遥控器，使用原装 Type-C 数据线连接电脑，打开此电脑→Smart Controller→内部共享存储空间，如图 5-20 所示，把航线文件复制到内部共享存储空间即可。

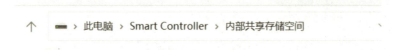

图 5-20 遥控器导入

三、自主精细化巡检

（1）提前办理工作票（单），到达作业现场后，选择平坦、宽阔、无遮挡的起降环境展放无人机，安装电池、桨叶、RTK 模块等部件，检查确认其安装连接牢固，保证遥控器和无人机电池电量充足。

（2）开启遥控器，和无人机进行连接，进入大疆 Pilot，下拉上方隐藏工具栏，连接网络，如图 5-21 所示，可使用信号较好的手机热点设备或专用移动 WiFi 设备，飞行期间网络设备应不离身，确保信号良好。

图 5-21 连接网络

（3）点击航线飞行→KML 导入→航点飞行，如图 5-22 所示，根据航线文件存放位置找到存放航线文件的文件夹并打开，导入对应杆塔航线。

（4）进入航线飞行主界面，点击切换至左下方云台视角界面，点击右上方的三个点。

（5）进入第一项，飞控参数设置，设置返航高度高于杆塔全高 10 m 左右，根据实际需求调整限高，关闭距离限制，检查传感器指南针、IMU 偏移量在绿色范围内，设置失控行为悬停。

图 5-22　导入对应杆塔航线中间过程

（6）进入第二项，感知避障设置，关闭视觉避障系统，避免在航线执行过程中触发避障功能，导致无人机失控撞向杆塔。

（7）进入第三项，遥控器设置，点击摇杆模式，根据操作手使用习惯选择日本手、美国手或中国手模式，点击确认后，听到嘀声提示则修改成功。遥控器自定义按键根据个人使用习惯进行相应设置，此处建议设置 C2 键为"云台回中/朝下"，五维键中的左右键为"增加 EV 值"和"减小 EV 值"，方便巡检过程中根据云台角度变化随时调整曝光量。遥控器对频功能则在遥控器与无人机未连接的情况下才选择使用。

（8）进入第四项，图传设置，保持默认设置即可。

（9）进入第五项，智能电池信息，开启智能低电量返航功能，设置低电量报警值为30%，严重低电量报警值为 20%。

（10）进入第六项，云台设置，开启云台限位，如飞行器云台不正，可点击云台自动校准，等待校准成功，云台视角即恢复正常。

（11）最后进入 RTK 设置，打开 RTK 定位服务，选择 RTK 服务供应商提供的服务类型，选择对应坐标系。如使用非绑定机身的 RTK 服务，则根据 RTK 服务供应商提供的账号，选择自定义类型进行相应数据的修改。设置完成后等待出现绿色文字提示，即连接成功。

（12）退出飞行器设置，查看主界面上方数传信号、图传信号、卫星数量、电池电量等参数是否符合作业条件。

（13）点击左下方的航线飞行地图界面，确认航点数量、照片数量无误后，点击左侧笔状编辑按钮，确认航线名称、飞行器型号，高度记录方式选择绝对高度，如图 5-23 所示。这里需要注意，在对每基杆塔开始进行作业前都需要设置绝对高度，否则航点易出现位置偏差，导致安全事故。

（14）为保证进入航线前的飞行安全，手动将无人机飞至杆塔上方 10 m 左右，点击编辑下方的开始按钮，确认最后的飞行参数。例如，顺线路进行连续自主精细化巡检作业，

图 5-23 设置高度记录方式

设置完成动作、失控动作均为悬停,自检完成后无人机即可开始按航线执行拍摄任务。

(15)任务执行过程中,操作手双手持遥控器,保持飞行手位,观察屏幕上的图传画面,将右手拇指放在五维键上调节曝光量,云台俯视视角下需要减曝光,平视视角下需要加曝光,保证每张照片曝光量合适。

(16)配电线路环境较复杂,障碍物比较多,巡检作业结束后,将无人机尽量上升至安全高度,小地图上无人机的飞行方向朝向起飞点时,手动收回无人机。如果航线执行期间操作手和遥控器移动了位置,则应重新寻找降落点,如返航条件较好也可刷新返航点,选择自动返航,降落时保证无人机与人身有 2 m 以上的安全距离且周围无其他障碍物。最后检查设备是否完好,清点各配件有无损坏、遗漏后,回收设备,拆除电池,待电池冷却后再进行充电。

第四节 配电网无人机自主通道航线规划流程

配电网无人机自主通道航线规划一般包括三种方式:基于点云规划航线、飞行器打点和已知坐标生成航线。基于点云规划航线是指利用现有配电线路的激光点云模型对其进行航线规划。飞行器打点是指在环境复杂区域或没有线路准确坐标的情况下,采用具有 RTK 功能的无人机进行打点。已知坐标生成航线是指在平坦开阔区域并且有准确线路坐标的情况下,直接采用坐标生成航线。

配电网无人机自主通道航线规划需要重点关注线路上方交叉跨越情况,在交叉跨越处进行航线中断或规避处理。每次使用航线飞行前应再次确认线路上方有无新增交叉跨越,避免发生碰线炸机情况。航线规划应确保无人机能够全面覆盖目标区域,同时避免不必要的飞行重叠或遗漏。

一、基于点云规划航线

(1) 点云导入。将激光点云数据(LAS、LiData 等格式)导入航线规划软件,如 Li-Powerline、DJI Terra、易飞等,进行航线规划。

(2) 杆塔标记。将待规划线路杆塔坐标(txt、kml 等格式)导入航线规划软件,对杆塔进行标记。

(3) 参数设置。推荐参数如表 5-3 所示。

表 5-3　航线规划推荐参数表

参 数 名 称	推 荐 设 置
相机类型	禅思 L1(根据任务载荷选择)
过塔高度	30 m
相机角度	$-90°$
模式	按杆塔/按固定间距

(4) 航点修改。检查航线中的航点是否正确,删除误生成的航点,添加必要的航点。原则上,每基杆塔的正上方必须设置一个航点。

(5) 安全验证。使用航线飞行安全性分析功能对航线的安全性进行检测,确保无人机在飞行过程中与线路本体、交跨线路等保持安全距离。

(6) 航线导出。规划好的航线进行安全验证合格后,将其导出,文件格式为 kml、json 等,命名格式为"××kV××线♯×××-♯×××"。通道航线规划示意图如图 5-24 所示。

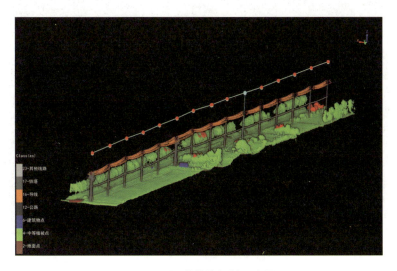

图 5-24　通道航线规划示意图

二、飞行器打点

（1）新建任务。可使用经纬 M300 RTK、经纬 M30、DJI MAVIC 3T/3E、大疆御 MAVIC 2 行业进阶版、精灵 4 RTK 等带 RTK 模块的机型，打开飞控软件，选择航线飞行→航点飞行→在线任务录制，如图 5-25 所示。

图 5-25　选择在线任务录制

（2）RTK 设置。开启网络 RTK 功能，并选择合适的大地坐标系（CGCS2000/WGS-84），在起飞前确认飞行器已处于 RTK FIX 状态。RTK 设置示意图如图 5-26 所示。

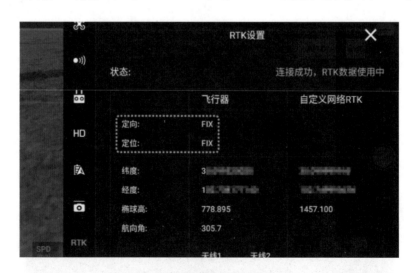

图 5-26　RTK 设置示意图

（3）正上方打点。在杆塔正上方合适高度处按拍照键添加航点并拍摄照片。为保证塔身的完整性,建议航点距离塔顶的高度为塔的宽度,一般为 20~30 m,可将下视避障距离调整为 30 m,并通过避障提示来确认无人机(飞行器)距离塔顶的相对高度。正上方打点示意图如图 5-27 所示。

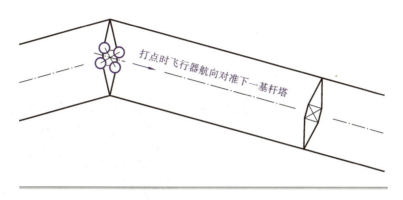

图 5-27　正上方打点示意图

(4)首尾处增加航点。在作业点距首尾杆塔(远离作业区段方向)约 50 m 水平距离处、线路正上方合适高度处添加辅助航点,以确保首尾杆塔点云被充分采集且有足够的距离进行惯导标定。首尾处增加航点示意图如图 5-28 所示。

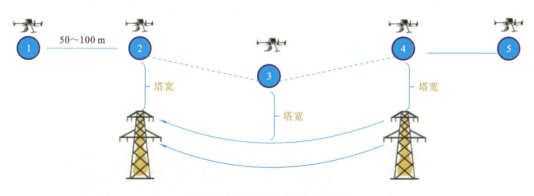

图 5-28　首尾处增加航点示意图

(5)航线(全局)设置。推荐参数如表 5-4 所示,航线(全局)设置示意图如图 5-29 所示。

表 5-4　航线(全局)设置推荐参数表

参 数 名 称	推 荐 设 置
速度	6~10 m/s
海拔高度	默认设置
飞行器偏航角模式	沿航线方向
航点间云台俯仰角控制模式	手动控制(云台俯仰角根据作业类型调整)

续表

参 数 名 称	推 荐 设 置
航点类型	直线飞行,飞行器到点停
惯导标定	打开
节能模式	关闭
完成动作	自动返航

图 5-29 航线(全局)设置示意图

(6) 航点设置。

① 首航点。航点动作添加云台俯仰角(数值设置为 -90°)、开始录制点云模型。首航点动作设置示意图如图 5-30 所示。

图 5-30 首航点动作设置示意图

② 尾航点。航点动作添加结束录制点云模型。尾航点动作设置示意图如图5-31所示。

图 5-31　尾航点动作设置示意图

③ 所有航点。所有航点的速度、飞行器偏航角模式、航点类型均勾选"跟随航线"，海拔高度不勾选"跟随航线"。所有航点动作设置示意图如图5-32所示。

图 5-32　所有航点动作设置示意图

（7）航线导出。按照以上方法，将航线内所有坐标采集完并保存任务。导出航线文件至SD卡进行归档备份，命名格式为"××kV××线♯×××-♯×××"。

三、已知坐标生成航线

若想通过已知坐标生成航线,需要有每个杆塔的精确经纬度和椭球高(大地高)坐标信息(文件格式为 excel 或 csv)。确认拥有相关坐标信息后,可以采用航线生成软件生成航线。

(1)信息核对。打开杆塔坐标文件,确认杆塔高度信息(若已知杆塔高度精确坐标,可统一在高度数据上增加 30~50 m,以确保无人机在每个杆塔顶部均保持同样的相对高度,从而达到仿地飞行的效果)。

(2)坐标导入。将杆塔坐标数据导入航线生成软件。

(3)文档定义。导入杆塔坐标数据后预览文档信息,明确文档中每一列数据的定义。如图 5-33 所示,杆塔坐标数据起始于第二行,其中第二列为经度信息,第三列为纬度信息,第四列为高度信息。若有更多可选信息,如塔号名称,则也可逐一对应添加(除经纬度和高度外,其余信息不会影响无人机 kml 航线任务)。

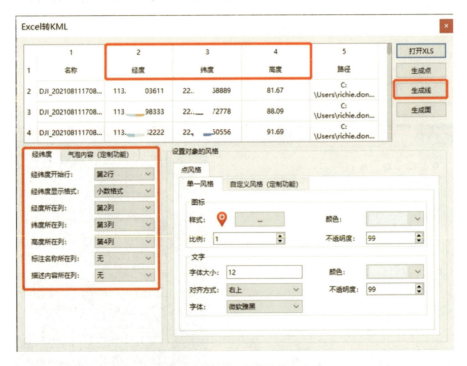

图 5-33 已知坐标生成航线示意图

(4)格式转换。打开航线生成软件,使用格式转换功能将 excel 文件转换成 kml 文件。

(5)航线导出。完成格式转换后生成航线(若生成的 kml 航线任务过长,可对其进行调整和剪裁),导出至 SD 卡进行归档备份,命名格式为"××kV××线♯×××-♯×××"。

第五节　基于 AI 智能算法的配电网无人机自适应巡检流程

一、登录自适应巡检软件

以湖北某公司自研 APP 为例进行展示，登录 APP（见图 5-34）后进入首页，连接飞机后，显示飞机状态。

图 5-34　登录 APP

二、创建任务

点击"创建新任务"，编辑任务信息，如图 5-35 所示，完成创建。

三、执行任务

在页面左侧查看任务列表，点击"去执行"按钮（见图 5-36）。
画面进入飞控界面，如图 5-37 所示。
操控无人机上升，令无人机飞行到杆塔附近，并将相机对准杆塔，界面如图 5-38 所示。
点击"开始执行任务！"进入配置界面，填写配置信息，并点击"确定"，如图 5-39 所示。

图 5-35 创建 AI 自主巡检任务

图 5-36 准备执行任务

无人机进入任务执行状态,如图 5-40 所示。

识别到杆塔后,飞行器自动飞到杆塔正上方,并弹出杆塔信息确认框,如图 5-41 所示。

注意观察杆塔周围环境,注意风险点及特别注意事项。确认无误后,点击"确认设置",如图 5-42 所示。

第五章 配电线路无人机自主巡检技术

图 5-37 进入飞控界面

图 5-38 无人机上升后界面

配网无人机巡检作业技术

图 5-38 无人机上升后界面

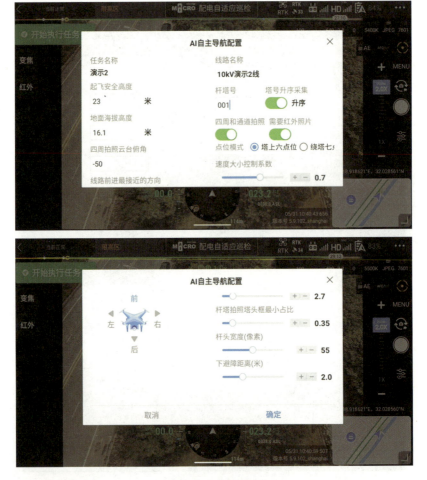

图 5-39 配置界面

第五章 配电线路无人机自主巡检技术

图 5-40　进入任务执行状态

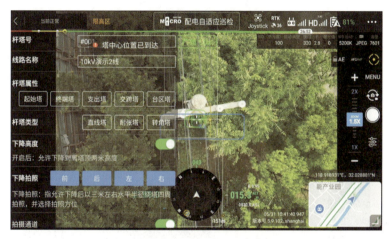

图 5-41　AI 自主导航

图 5-42　确认设置

· 139 ·

无人机将进入 AI 自适应巡检模式,操作手应注意飞行状况,留意特殊情况的发生,并及时点击遥控器停止自适应巡检。

四、结束任务

点击"结束当前巡检!"按钮,如图 5-43 所示,完成本次任务。

图 5-43 结束当前巡检

操控无人机飞回并降落,如图 5-44 所示。

图 5-44 无人机飞回并降落

第六节 无人机智慧装备自主巡检应用案例

一、固定机场

(一)设备介绍

固定机场(见图 5-45)通常包括机场舱体、升降平台、自动归中系统、自动充电系统、

图 5-45　固定机场

气象站、UPS、工业空调等,主要功能通常包括停放无人机、自主充电、自主巡检、一键起飞、精准降落、飞行条件监测、实时传输、飞行航线规划等。固定机场可将无人机直接部署到作业现场,解决人工携带无人机巡检通勤难度大、检查不全面、人力成本高等问题,极大提高了巡检的效率,为智慧电网的建设奠定了基础。

(二)应用案例

湖北某公司在 220 kV 某变电站等地安装固定机场,覆盖半径 5 km 内 267 基输电铁塔共 87.5 km 输电线路的巡检工作,实现试点区域内输电、变电、配电无人机自主巡检。固定机场作业照片如图 5-46 所示。

图 5-46　固定机场作业照片

(三)应用效果

通过在示范区内部署建设固定机场,完成示范区内输变配场景的高频次、常态化、无人化巡检,有效地解决了现阶段无人机自主巡检安全管控不足、机巡操作手数量不足、数据采集频次不高、故障特巡响应不及时等业务痛点,助力运检模式数字化变革。

二、移动巡检作业车

(一)设备介绍

移动巡检作业车(见图5-47)由车载系统和无人机系统两部分组成,可实现多机收纳,可同时存储、固定多台无人机及其挂载,具备多机协同作业能力,提升了作业效率和冗余度。车辆集成大功率发电机,配置UPS不间断电源,保障系统持续供电。满足各个行业应用无人机进行作业的灵活性和机动性需求,尤其在电力巡检、安防布控、指挥巡逻、风机巡检、光伏巡检等作业领域有广泛的应用价值,极大提升了无人机空中作业的生产力。

图 5-47 移动巡检作业车

(二)应用案例

湖北某公司在220 kV某线、10 kV某线等输电及配电线路,进行移动巡检作业车的试点应用。一天可完成65基以上杆塔巡检,较传统无人机操作,效率提高了近4倍。一键智能巡检功能,简化了无人机作业流程,不用手动操作无人机,大大降低了作业人员劳动强度。移动巡检作业车作业照片如图5-48所示。

(三)应用效果

基于无人机移动机场系统的全自动化功能,无人机可以在无人干预的情况下自行起飞和降落、充电、换电池,有效替代人工现场操作无人机,降低电力巡检作业成本和人员操作风险,提高作业效率,彻底实现无人机的全自动作业,大幅提升了巡检效率,提升了

图 5-48 移动巡检作业车作业照片

电网输电运检智能化水平。

三、单兵网格化巡检装备

(一) 设备介绍

单兵网格化巡检装备(见图 5-49)由人员移动模块、无人机作业模块、无人机保障模块、无人机精准降落模块等组成。对地形复杂、交通不便的巡检区域,巡检员驾驶单兵网格化巡检装备抵达现场后,可以通过管理系统平台下达执行巡检任务,将巡检任务航线数据同步到无人机,无人机可全自主完成巡检任务,将巡检数据实时回传系统平台。可完成 30~40 km 交通范围内的输配电线路日常巡检工作。

(二) 应用案例

巡检作业人员接收到巡检工单后,通过单兵网格化巡检装备到达作业网点,取出无人机,打开起降板即可进行巡塔作业,中心运维人员通过管控系统远程控制无

图 5-49 单兵网格化巡检装备

人机进行全自主巡检,无须现场巡检人员对起飞到降落的全流程进行干预,这进一步推动了无人机的低成本、低门槛、高效率作业。单兵网格化巡检装备作业照片如图 5-50 所示。

(三) 应用效果

单兵网格化巡检装备助力输配电线路日常巡检业务,实现规模化应用,强化运维网格内巡检作业高质效水平,助力构建清洁低碳、安全高效的巡检机制。

图 5-50 单兵网格化巡检装备作业照片

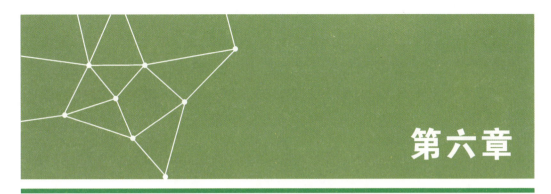

第六章

巡检数据处理和典型缺陷分析

第一节 巡检数据处理

本节介绍巡检数据处理,主要涉及巡检数据管理要求、巡检成果整理规范、航线绘制、通道数据分析、红外分析五个方面。

一、巡检数据管理要求

数据处理工作应安排专人进行,若出现多人协同开展数据处理工作的情况,应注意数据处理工作的完整性与连续性,避免发生任务数据损坏或遗失。巡检影像分析人员应具备较强的专业技术知识,能够准确判断缺陷危急程度与等级,编写无人机巡检报告,并做好缺陷隐患的系统录入与闭环管理工作。

数据传输应严格执行数据信息安全要求,数据处理工作应使用专用电脑。所有原始数据、成果资料文档等数据资料严禁在外网传输,未经批准不得提供给任何外部单位。严禁在存储原始数据的移动硬盘上处理数据,应对备份数据使用情况进行记录。

各运维单位宜建立巡检数据保存管理要求,规定对无人机巡检采集的可见光图像、红外检测图像、激光点云数据、航线文件数据等的管理原则和保存时长,可见光巡检原始数据建议保存2轮次,红外测温及其他检测成果资料数据的保存期限为1年,所有通道激光点云数据应永久保存。各运维单位应及时维护自主巡检航线,设备迁改、大修和环境发生变化后,应在1个月内更新航线。

二、巡检成果整理规范

（1）照片应清晰，曝光应合理，不应出现模糊现象。目标设备应位于照片中间位置，精细化巡检照片应可准确辨识销钉级缺陷。照片应不低于 2000 万像素，输出格式为 jpg 格式。

（2）巡检照片按照图 6-1 所示规则进行整理存放。

图 6-1　巡检照片整理存放规则

① 第一级文件夹体现项目名称（工作内容），如图 6-2 所示。

| 📁 XX地区10kV线路精细化巡检 | 2023/12/8 13:52 | 文件夹 |

图 6-2　第一级文件夹命名示例

② 第二级文件夹体现管理线路的运维单位名称，如图 6-3 所示。

名称	修改日期	类型
📁 1.XX供电所	2023/12/8 13:52	文件夹
📁 2.XX供电所	2023/12/8 13:47	文件夹
📁 3.XX供电所	2023/12/8 13:47	文件夹

图 6-3　第二级文件夹命名示例

③ 第三级文件夹体现电压等级与线路名称，如图 6-4 所示。

名称	修改日期	类型	大小
📁 10kVXX线主线	2024/6/28 17:33	文件夹	
📁 10kVXX线主线002-XX支线	2024/6/28 17:33	文件夹	
📁 10kVXX线主线002-XX支线010-XXX分支线	2024/6/28 17:33	文件夹	

图 6-4　第三级文件夹命名示例

④ 第四级文件夹体现照片和坐标，如图 6-5 所示。

图 6-5　第四级文件夹命名示例

照片文件打开如图 6-6 所示。

图 6-6　照片文件命名示例

坐标文件打开如图 6-7 所示。

图 6-7　坐标文件命名示例

（3）巡检作业过程中，无人机设备拍摄的巡检图像和后期添加的信息标签文件，宜采用专业数据库管理，存储时应保证命名的唯一性。宜采用专用的标注软件进行标注操作，对巡检图像批量添加信息标签，内容至少包括电压等级、线路名称、杆塔号、巡检时间和巡检人员。对于巡检视频文件，需要截取关键帧另存为 jpg 格式图像文件，批量添加标签规则相同。缺陷图像重命名时，要求清楚描述缺陷部位和类型，命名规范如下："电压等级＋设备双重称号-缺陷简述"。对于 RTK 自主精细化巡检拍摄的图像，其标签应增加拍摄位置、距目标设备的距离、拍摄角度、相机焦距、目标设备成像角度、光照条件等。

三、航线绘制

1. 航线绘制要求

精细化巡检航线拍摄航点应涉及全杆、杆顶、杆号和基础、杆塔头、大小号侧通道、金具、绝缘子、挂点、柱上设备等部件,对于存在遮挡的部位应适当增加拍摄航点,航线规划参照本书第五章介绍的相关要求执行,规划点位不得低于典型塔型的布点标准。航线与配电线路及其他外部设施、设备之间的距离应通过安全校验,最小安全距离不小于 2 m。航线中航点宜按照可见光照片命名规则要求内置名称,以满足精细化巡检照片自动重命名要求。航线应命名为"××kV××线♯×××",存放航线的文件夹应命名为"××kV××线"。当巡检线路存在异动、周围环境发生变化,或实际拍摄照片存在遮挡时,应及时修改或重新规划航线并更新航线库。航线文件应为 json、kml 或 kmz 格式,采用国家 CGCS2000 坐标系或 WGS-84 坐标系并做好记录,高程基准采用 1985 国家高程基准。

2. 航线绘制操作

使用航线规划软件按照标准精细化巡检顺序和要求进行绘制。

(1) 新建任务。

任务名称为"××kV××线♯×××-♯×××"(如"10 kV 甲乙线♯1-♯5")本任务为测试任务,暂命名为"10 kV_测试线路♯7_N0-N9"。

(2) 导入点云数据,如图 6-8 所示。

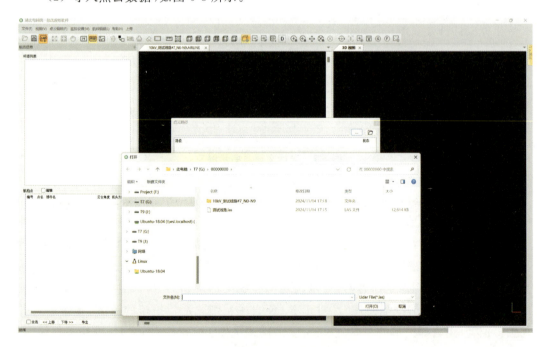

图 6-8 导入点云数据

(3)导入线路坐标,如图 6-9 所示。

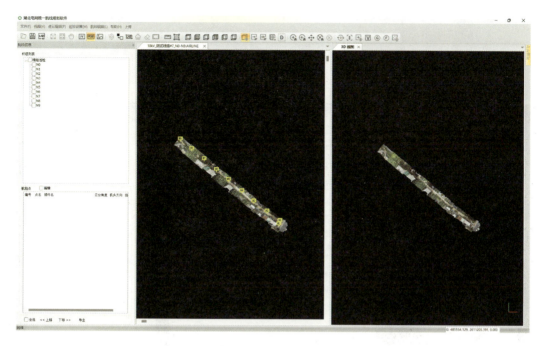

图 6-9　导入线路坐标

(4)对杆塔进行规划操作,如图 6-10 所示。

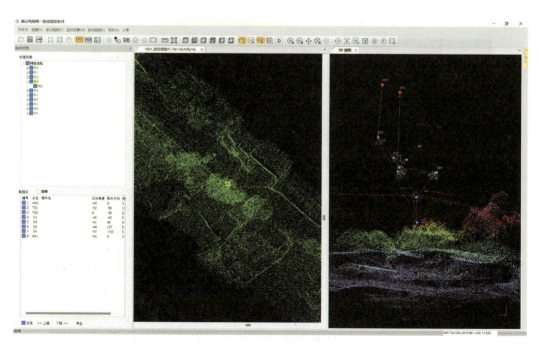

图 6-10　对杆塔进行规划操作

四、通道数据分析

对配电线路点云数据进行自动分类（见图 6-11）后，即可进行净空危险点分析（见图 6-12），能够快速分析配电线路下方建筑物等与导线的净空距离。

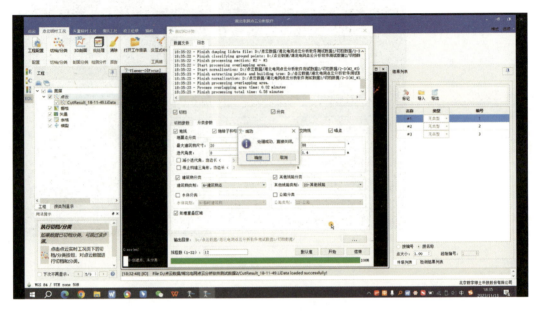

图 6-11　自动分类

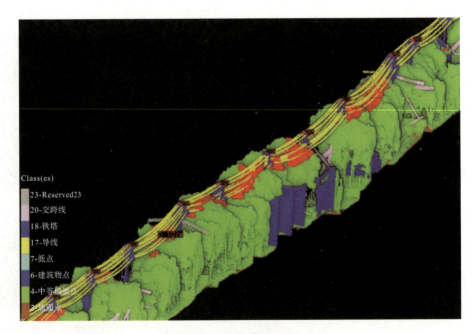

图 6-12　净空危险点分析

计算分析配电线路和上下交跨线的距离,给运维管理人员提供交跨情况参考。交跨电力线(即交跨线)如图 6-13 所示,交跨建筑物如图 6-14 所示。

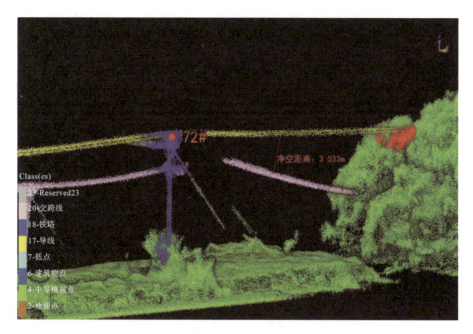

图 6-13 交跨电力线

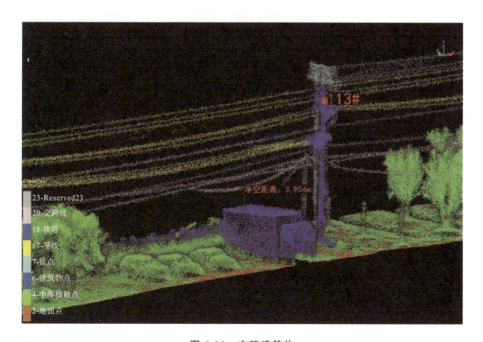

图 6-14 交跨建筑物

导出报告,如图 6-15 与图 6-16 所示。

图 6-15 导出报告 1

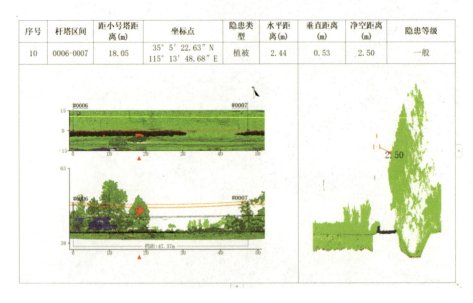

图 6-16 导出报告 2

五、红外分析

对市面上主流的无人机机型及负载设备进行适配应用,通过飞控终端操控已适配无人机的设备,同步开展可见光、红外测温巡检航拍作业,现场作业时,可以对无人机红外图传的最大温度值进行实时解析。将无人机红外镜头巡检测温数据与设置的预警阈值进行实时对比分析,当测温数据超出所设的阈值时予以告警提示。无人机红外测温图如图 6-17 与图 6-18 所示。

图 6-17　无人机红外测温图 1

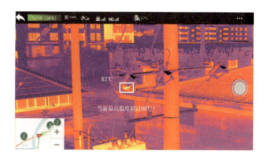

图 6-18　无人机红外测温图 2

也可以将红外图像数据回传至电脑后,开展红外分析工作(见图 6-19)。图像命名、存储规则同可见光照片数据标准。

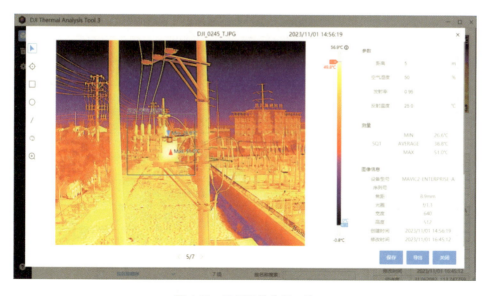

图 6-19　开展红外分析工作

第二节　典型缺陷分析

一、缺陷分级

电网设备在运行过程中,由于天气等客观因素及设备本身存在的问题,会产生各式各样的缺陷。设备缺陷的存在必然会影响设备的安全运行,影响供电可靠性。因此,加强缺陷管理是供电系统设施管理的重要环节,本节对各类配电网设施所发生的缺陷进行分类、描述,以便于统计分析,找出规律,从而进一步指导设备缺陷管理。

设备缺陷按照严重程度可分为三级:一般、严重、危急。

(1)一般缺陷指设备虽然有缺陷,但是在一定期间内对设备安全运行影响不大。

(2)严重缺陷也称重大缺陷,指缺陷对设备运行有严重威胁,短期内设备尚可维持运行。

(3)危急缺陷也称紧急缺陷,指缺陷已危及设备安全运行,随时可能导致事故发生。

二、典型缺陷示例

部分配电网缺陷如表 6-1 所示。

表 6-1　部分配电网缺陷

类别	缺陷部件	缺陷名称	缺陷等级
防雷设施	屏蔽线	绝缘线缺屏蔽线	严重
		接地下引线断裂	一般
		缺接地下引线	一般
	避雷器	避雷器损坏	一般
		避雷器防护罩欲脱落	一般
		避雷器缺防护罩	一般
		避雷器下桩头连接件断裂	一般
		避雷器下桩头连接件缺失	一般
		避雷器缺失	一般
		避雷器支柱断裂	一般
		避雷器脱扣失效	一般
		避雷器底部与横担脱扣	一般

续表

类　别	缺陷部件	缺陷名称	缺陷等级
防雷设施	避雷器	避雷器上桩头螺丝松动、脱落	一般
		避雷器倾斜	一般
	避雷器上引线	避雷器上引线断裂	一般
		避雷器上引线缺失	一般
		避雷器上引线未绝缘	一般
	避雷器下引线	避雷器下引线断裂	一般
		避雷器下引线缺螺栓	一般
		避雷器下引线脱扣	一般
		避雷器下引线缺失	一般
	过电压保护器上桩头	过电压保护器上桩头未搭接	一般
	过电压保护器上引线	过电压保护器上引线缺失	一般
导线	绑扎带	绑扎带材料使用不规范	一般
		绑扎带安装不规范	一般
	导线	导线绝缘皮受损	一般
		导线断股	危急
		导线存在异物	一般
		导线散股	一般
		导线未绑扎	一般
		跳线未绑扎	一般
		尾线未绑扎	一般
	引流线	引流线断股	危急
		引流线散股	一般
		引流线绝缘皮受损	一般
杆塔本体	塔顶	塔顶损坏	一般
	杆身	杆身爬藤	一般
		杆身倾斜	一般
		耐张杆有鸟巢	严重
		直线杆有鸟巢	一般
		横担倾斜	一般
		塔身纵向裂纹	一般
		杆塔上有遗留工器具、金具	一般

续表

类 别	缺陷部件	缺陷名称	缺陷等级
杆塔本体	塔材	塔材缺螺栓	一般
		横担螺栓松动	一般
		塔材缺失	一般
		塔材缺并帽、并帽平扣	一般
	变压器	变压器上有鸟巢	严重
	开关	开关上有鸟巢	严重
金具	U形挂环	U形挂环缺螺母	一般
		U形挂环缺销钉	一般
		U形挂环缺销钉、螺母平扣	一般
		U形挂环销钉欲脱落	一般
		U形挂环销钉安装不规范	一般
		U形挂环销钉安装不到位	一般
		U形挂环锈蚀	一般
	碗头挂板	碗头挂板缺螺母	一般
		碗头挂板缺销钉、螺母平扣	一般
		碗头挂板销钉欲脱落	一般
		碗头挂板销钉安装不规范	一般
		碗头挂板销钉安装不到位	一般
		碗头挂板锁紧销欲脱落	一般
		碗头挂板锈蚀	一般
	球头挂环	球头挂环缺螺母	一般
		球头挂环缺销钉、螺母平扣	一般
		球头挂环销钉欲脱落	一般
		球头挂环销钉安装不规范	一般
		球头挂环销钉安装不到位	一般
		球头挂环锈蚀	一般
	直角挂板	直角挂板缺螺母	一般
		直角挂板缺销钉、螺母平扣	一般
		直角挂板销钉欲脱落	一般
		直角挂板销钉安装不规范	一般
		直角挂板销钉安装不到位	一般
		直角挂板锈蚀	一般

续表

类　别	缺陷部件	缺　陷　名　称	缺陷等级
金具	楔形耐张线夹	楔形耐张线夹缺螺母	一般
		楔形耐张线夹缺销钉、螺母平扣	一般
		楔形耐张线夹销钉欲脱落	一般
		楔形耐张线夹销钉安装不规范	一般
		楔形耐张线夹销钉安装不到位	一般
		楔形耐张线夹锈蚀	一般
	抱箍	横担上侧抱箍锈蚀	一般
		横担下侧抱箍锈蚀	一般
		电缆上引线缺抱箍	一般
		抱箍锈蚀	一般
	接地扁铁	接地扁铁松动	一般
	并沟线夹	缺并沟线夹	一般
		并沟线夹缺螺栓	一般
		接地线未用并沟线夹固定	一般
	耐张线夹	耐张线夹锈蚀	一般
绝缘化	并沟线夹	并沟线夹缺绝缘防护罩	一般
		并沟线夹绝缘防护罩欲脱落	一般
	开关	开关引线缺绝缘防护罩	一般
		开关引线绝缘防护罩欲脱落	一般
		开关引线绝缘防护罩脱落	一般
		开关引线未绝缘	一般
	熔丝具	熔丝具绝缘防护罩欲脱落	一般
		熔丝具绝缘防护罩脱落	一般
		熔丝具缺绝缘防护罩	一般
	变压器	油枕型变压器表面有漏油现象	一般
		变压器高压桩头缺绝缘防护罩	一般
		变压器低压桩头缺绝缘防护罩	一般
		变压器高压桩头绝缘防护罩欲脱落	一般

续表

类别	缺陷部件	缺陷名称	缺陷等级
绝缘化	变压器	变压器低压桩头绝缘防护罩欲脱落	一般
		变压器高压桩头绝缘防护罩脱落	一般
		变压器低压桩头绝缘防护罩脱落	一般
		变压器下引线未绝缘	一般
	无功补偿装置	无功补偿装置缺绝缘防护罩	一般
	过电压保护器	过电压保护器上引线与导线搭头处无绝缘防护罩	一般
		过电压保护器缺绝缘防护罩	一般
	刀闸	刀闸缺绝缘防护罩	一般
绝缘子	绝缘子	绝缘子有爬电痕迹	一般
		绝缘子脱落、断裂	危急
		绝缘子闪络	一般
		绝缘子破损	严重
		绝缘子倾斜	一般
		绝缘子釉表面脱落	一般
		绝缘子脏污	一般
		复合绝缘子未换	一般
通道	通道	通道下植被茂盛	一般
		通道附近有超高树竹	一般
		线路附近存在脚手架	一般

第三节 典型缺陷展示

一、杆塔基础缺陷

(1) 地基与地面回填土下沉或缺土，如图 6-20 所示。

(2) 地基水淹，如图 6-21 所示。

图 6-20　地基与地面回填土下沉或缺土

图 6-21　地基水淹

(3) 地面堆积杂物,如图 6-22 所示。
(4) 基础移位,如图 6-23 所示。
(5) 基础坍塌,如图 6-24 所示。

图 6-22 地面堆积杂物

图 6-23 基础移位

图 6-24 基础坍塌

二、杆塔本体缺陷

(1) 杆塔上有鸟巢,如图 6-25 所示。

图 6-25 杆塔上有鸟巢

(2) 塔材缺并帽、并帽平扣,如图 6-26 所示。

图 6-26　塔材缺并帽、并帽平扣

(3) 杆塔遗留工具,如图 6-27 所示。

图 6-27　杆塔遗留工具

(4)塔顶损坏,如图 6-28 所示。

图 6-28　塔顶损坏

(5)杆塔本体有异物缠绕,如图 6-29 所示。

图 6-29　杆塔本体有异物缠绕

（6）杆塔本体有裂纹,如图6-30所示。

图6-30　杆塔本体有裂纹

三、导线缺陷

（1）绑扎带安装不规范,如图6-31所示。

图6-31　绑扎带安装不规范

(2) 导线遭遇雷击,如图 6-32 所示。

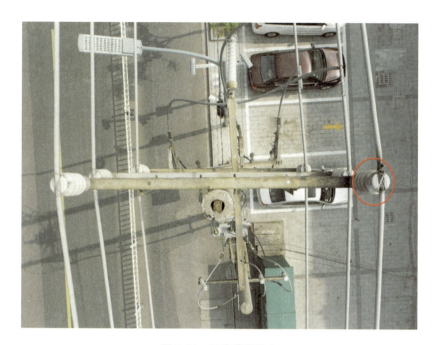

图 6-32　导线遭遇雷击

(3) 跳线未绑扎,如图 6-33 所示。

图 6-33　跳线未绑扎

(4) 引流线、导线散股，导线断股，如图 6-34 所示。

图 6-34　引流线、导线散股，导线断股

(5) 固定导线的扎线松弛、开断，如图 6-35 所示。

图 6-35　固定导线的扎线松弛、开断

四、拉线缺陷

(1) 拉线棒严重锈蚀或损坏,如图 6-36 所示。

图 6-36 拉线棒严重锈蚀或损坏

(2) 拉线松弛,如图 6-37 所示。

图 6-37 拉线松弛

(3)拉线断股、锈蚀,如图 6-38 所示。

图 6-38　拉线断股、锈蚀

五、金具缺陷

(1)碗头挂板缺销钉,碗头挂板缺螺母,如图 6-39 所示。

图 6-39　碗头挂板缺销钉,碗头挂板缺螺母

(2)直角挂板、楔形耐张线夹缺销钉,耐张线夹锈蚀,如图6-40所示。

图 6-40　直角挂板、楔形耐张线夹缺销钉,耐张线夹锈蚀

(3)缺并沟线夹,如图6-41所示。

图 6-41　缺并沟线夹

(4) 抱箍锈蚀,如图 6-42 所示。

图 6-42　抱箍锈蚀

(5) 并沟线夹缺螺栓,如图 6-43 所示。

图 6-43　并沟线夹缺螺栓

(6) 线夹断裂,如图 6-44 所示。

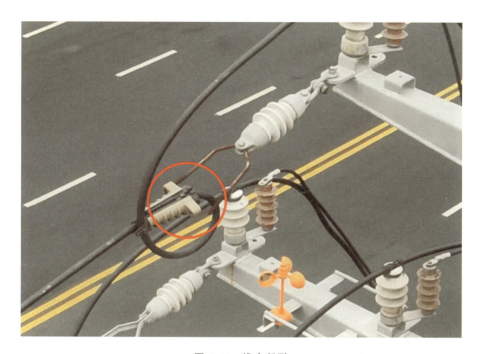

图 6-44　线夹断裂

(7) 螺栓松动,如图 6-45 所示。

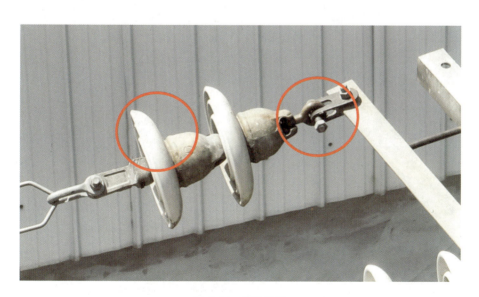

图 6-45　螺栓松动

(8)防振锤跑位、脱落,如图 6-46 所示。

图 6-46 防振锤跑位、脱落

(9)各种连板、连接环、调整板损伤、断裂、严重锈蚀,如图 6-47 所示。

图 6-47 各种连板、连接环、调整板损伤、断裂、严重锈蚀

(10) 横担严重锈蚀，如图 6-48 所示。

图 6-48　横担严重锈蚀

六、绝缘子缺陷

(1) 绝缘子釉表面脱落，如图 6-49 所示。

图 6-49　绝缘子釉表面脱落

(2)复合瓷瓶未换、螺丝缺失、缺少固定措施,如图 6-50 所示。

图 6-50　复合瓷瓶未换、螺丝缺失、缺少固定措施

(3)绝缘子脏污,如图 6-51 所示。

图 6-51　绝缘子脏污

(4)绝缘子脱落、倾斜,如图 6-52 所示。

图 6-52 绝缘子脱落、倾斜

(5)绝缘子有放电痕迹,如图 6-53 所示。

图 6-53 绝缘子有放电痕迹

（6）绝缘子自爆，如图 6-54 所示。

图 6-54　绝缘子自爆

（7）绝缘子伞裙破损，如图 6-55 所示。

图 6-55　绝缘子伞裙破损

七、避雷器缺陷

（1）避雷器缺失，如图 6-56 所示。

图 6-56　避雷器缺失

（2）避雷器上引线断裂，如图 6-57 所示。

图 6-57　避雷器上引线断裂

(3）避雷器缺防护罩,如图 6-58 所示。

图 6-58　避雷器缺防护罩

(4）下桩头连接件断裂,如图 6-59 所示。

图 6-59　下桩头连接件断裂

(5) 过电压保护器上桩头未搭接,如图 6-60 所示。

图 6-60　过电压保护器上桩头未搭接

(6) 避雷器脱扣失效,如图 6-61 所示。

图 6-61　避雷器脱扣失效

八、通道缺陷

(1) 通道内林木与导线安全距离不足,如图6-62所示。

图 6-62 通道内林木与导线安全距离不足

(2) 通道保护区内有施工,如图6-63所示。

图 6-63 通道保护区内有施工

九、其他设备缺陷

(1) 柱上开关、刀闸设备异物,如图 6-64 所示。

图 6-64 柱上开关、刀闸设备异物

(2) 跌落式熔断器熔丝用铝丝代替、未装设绝缘罩,如图 6-65 所示。

图 6-65 跌落式熔断器熔丝用铝丝代替、未装设绝缘罩

（3）柱上变压器配电柜门敞开，如图6-66所示。

图6-66　柱上变压器配电柜门敞开

（4）柱上变压器本体严重锈蚀、高低压桩头未装设绝缘罩，如图6-67所示。

图6-67　柱上变压器本体严重锈蚀、高低压桩头未装设绝缘罩

（5）杆塔号、警示牌、防护、指示、开关编号等标志内容缺失，如图 6-68 所示。

图 6-68　杆塔号、警示牌、防护、指示、开关编号等标志内容缺失

（6）杆塔号、警示牌、防护、指示、开关编号等标志标被遮挡，如图 6-69 所示。

图 6-69　杆塔号、警示牌、防护、指示、开关编号等标志标被遮挡

（7）杆塔号、警示牌、防护、指示、开关编号等标志字迹不清、严重锈蚀、标志错误，如图 6-70 所示。

图 6-70　杆塔号、警示牌、防护、指示、开关编号等标志字迹不清、严重锈蚀、标志错误

第四节　巡检报告编写

无人机巡检报告一般可分为三部分：设备基本信息、巡检作业信息、设备缺陷信息。

设备基本信息包括设备电压等级、设备双重称号、设备范围、设备投运时间、设备类型、上次检修时间等信息。

巡检作业信息应包含巡检类型、巡检作业人员、作业天气、作业机型、巡检时间及天气等信息。

设备缺陷信息一般包含缺陷汇总表、缺陷描述表、缺陷图等，缺陷汇总表应按照设备缺陷类别、缺陷等级分类统计。缺陷描述表应分项列出危急缺陷、严重缺陷、一般缺陷，并逐项进行缺陷描述，生成汇总表格，附缺陷圈示图片。巡检报告模板见附录 B。

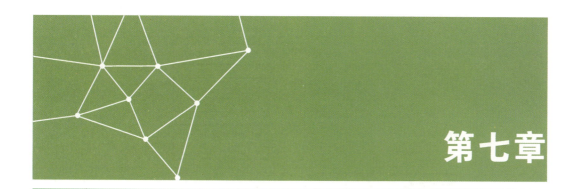

第七章

无人机设备维护保养

第一节 无人机巡检系统调试

无人机巡检系统(简称无人机系统)的调试包括电机座校准、电机性能检测和分析；地磁校准、IMU 校准；机载卫星导航定位、惯性导航、地磁测量和高度测量等模块的功能检测和性能分析；地面站软件功能设置；数传和图传链路的组装、性能检测和分析；遥控器参数设置与性能调试；无人机巡检系统重心调整，系统飞行性能评估；整套无人机巡检系统的拆解和组装等。

一、无人机巡检系统组装步骤

无人机巡检系统组装步骤如图 7-1 所示。

二、电机性能检测和分析

拆除螺旋桨，启动姿态模式或者 GPS 模式，启动后将油门推至 50%，大角度晃动机身，大范围变化油门量，使飞控输出动力。仔细聆听电机转动的声音，并测量电机温度。需要逐渐增加测试时间，如电机温度正常，则从测试 30~60 s 开始，逐渐增加测试时间，以检测电机与电调是否存在兼容性问题。电调输出交流相位与电机不匹配，会导致电机堵转，无人机坠落。

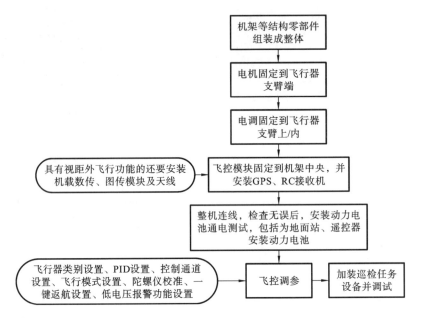

图 7-1　无人机巡检系统组装步骤

三、地磁校准

首次使用无人机必须进行地磁校准,如图 7-2 所示,这样指南针才能正常工作。指南针易受到其他电子设备干扰而导致数据异常,影响飞行,经常进行校准可使指南针工作在最佳状态。

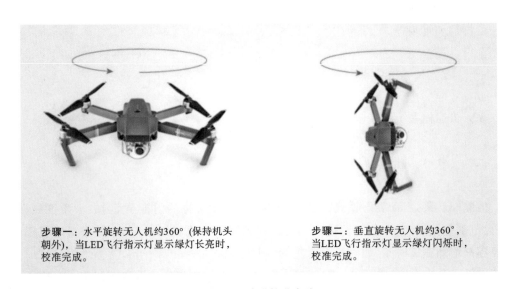

步骤一：水平旋转无人机约360°（保持机头朝外），当LED飞行指示灯显示绿灯长亮时,校准完成。

步骤二：垂直旋转无人机约360°,当LED飞行指示灯显示绿灯闪烁时,校准完成。

图 7-2　地磁校准方法

四、IMU 校准

IMU 校准是无人机安全飞行的重要前提条件，在开机自检后系统提示异常的情况下，一定要先进行校准，再进行下一步。

无人机受到大的震动或者放置不水平时，开机时会显示 IMU 异常，此时需要重新校准 IMU。

（1）校准 IMU 前将飞行器（无人机）机臂展开，放置在水平桌面上，如图 7-3 所示，为确保安全，先拆卸桨叶。

图 7-3　无人机水平放置

（2）打开遥控器，将其与 APP 连接，如图 7-4 所示。

图 7-4　遥控器与 APP 连接

（3）当飞行器和 APP 连接正常后，点击"飞控参数设置"，飞控参数设置界面如图 7-5 所示。

（4）点击"高级设置"，高级设置界面如图 7-6 所示。

（5）点击"传感器状态"，传感器状态界面如图 7-7 所示。

图 7-5　飞控参数设置界面

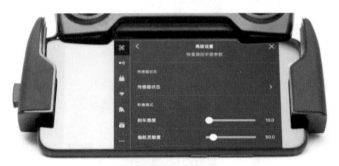

图 7-6　高级设置界面

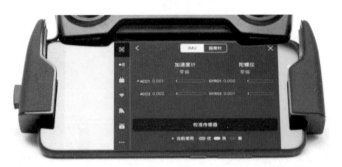

图 7-7　传感器状态界面

（6）点击"校准传感器"，校准传感器界面如图 7-8 所示，点击"开始"。

图 7-8　校准传感器界面

(7) 接下来按照提示依次完成飞行器六个方向的校准工作,如图 7-9 所示。

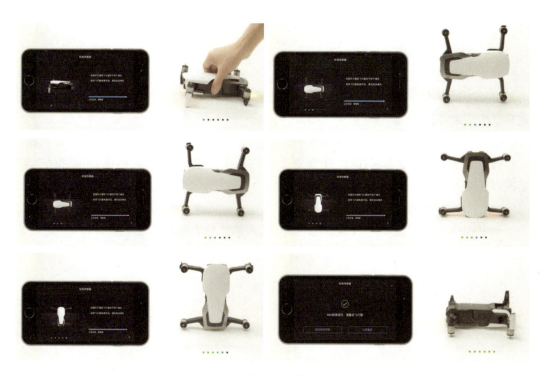

图 7-9　六个方向的校准示意图

全部完成后,APP 会提示 IMU 校准成功,校准时长为 5~10 min。如果校准失败,再按照上述步骤重试。

第二节　设备维护保养

为保证无人机系统的正常运行,减少不必要的机器故障与损失,提高无人机巡检作业工作效率,无人机系统的维护保养是必不可少的。无人机巡检系统维护保养指对无人机及其组件进行检查、清洁、除锈、润滑、紧固、性能测试、易损件更换等工作,确保其处于完好有效状态的活动,包含无人机系统的存储、清洁、检查、调整、参数标定、维修、部件替换。维护保养工作直接关系到系统的安全使用和正常工作。按照无人机组成部分可将维护保养工作分为无人机设备、电池、发动机、任务载荷、其他设备等的维护保养。

无人机要保证其正常飞行和使用寿命,除按照正常规范操作使用外,还需要进行日常、一级、二级、三级等周期性维护保养,内容包括基础检查、升级校准、机体清洁及部件更换等。

（1）日常维护保养。

对无人机设备外观及其日常使用基本功能进行检查校准等操作，通常由无人机操作手及飞行任务团队负责执行。

（2）一级维护保养。

对无人机整体结构及功能进行全面检查，对各模块进行校准及软件升级，并对日常清理中无法接触的机器结构内部进行深度清理。保养清洁过程中需要对无人机进行一定程度的拆卸，需由专业的维护保养团队进行。

（3）二级维护保养。

除完成一级维护保养工作外，还要对无人机易损件进行更换处理，维护保养团队需要准备好无人机易损件的备件，用于维修替换。

（4）三级维护保养。

除完成一、二级维护保养工作外，还要对无人机的核心部件进行更换处理，需要对无人机进行深度拆卸。

一、无人机设备维护保养

（一）日常维护保养

在无人机使用过程中应定期对设备外观及其日常使用基本功能进行检查校准等操作，通常由无人机操作手及飞行任务团队负责执行。日常维护保养内容如表 7-1 所示。

表 7-1 日常维护保养内容

类别	时间	内容
日常维护保养	执行飞行任务通电前	检查机身螺丝是否出现松动，机身外壳及结构是否出现裂痕、破损、缺失、歪斜、移位
		检查螺旋桨桨叶外观是否完整无损，是否按顺序安装牢固；任务载荷是否安装正确、牢固
		检查控制终端摇杆是否各向操控灵活且有稳定阻尼，拨动开关是否流畅无卡顿
		对于电动无人机，检查电池数量是否足够、电量是否充足；电池安装前检查外壳是否有破损或者变形鼓胀，安装后检查整体是否牢固
		对于油动无人机，检查发动机缸体、管路是否有渗漏，油量是否充足
	执行飞行任务通电后	检查导航定位信号、遥测遥控信号及图像传输信号是否稳定无干扰，且动静压采集是否正常
		检查无人机电机转动是否正常、无异响，检查发动机怠速、高速运转是否正常
		通过控制终端检查任务载荷转动是否正常，数据采集功能是否正常
		检查地面站各项参数是否正常，地图载入是否正常

续表

类别	时间	内容
日常维护保养	使用后	对无人机机身(包括任务载荷、地面站)进行全面细致的检查,必要时使用专用清洁设备及时清理油污、细沙、碎屑等,保持无人机及其组件的清洁
		无人机现场拆卸后各部件应按要求放入专用包装箱,避免碰撞损坏
		无人机应妥善存放于温度、湿度可控的工器具室,长期存放时,机身应进行防尘,轴承和滑动区域喷洒专用保养油进行防腐蚀和霉菌
		对于电动无人机,飞行任务结束后应取出电池单独存放,应定期使用专用充电器或智能充电柜对电池进行充放电操作
		对于油动无人机,飞行任务结束后应及时用汽油擦拭发动机表面油污,堵住进气口及排气口;超过一个月不使用发动机时,应排干油路及化油器内燃油,让发动机中速运行,直至熄火,燃烧完油路里所有燃油,并清洁发动机

(二) 无人机本体维护保养

1. 基础检查

基础检查应对无人机及其部件的外观、外部结构等进行逐项检查,确认各部件是否正常。基础检查内容如表 7-2 所示。

表 7-2 基础检查内容

序号	项目	内容
1	外壳	检查机身外壳是否完整无损,有无变形、裂纹等
2	螺旋桨	检查桨叶、桨叶底座等是否完整无损,安装是否牢固
3	电机	检查电机转动是否正常,手动旋转电机有无卡顿、松动及异响等,检查电机接线盒接线螺丝是否松动、烧伤等
4	电调	检查电调是否工作正常,有无异响、破损等,检查连接线是否松动
5	机臂	检查机臂结构有无变形、破损等
6	机身主体	检查机身主体框架有无变形、裂纹等
7	天线	检查天线位置是否有影响信号的干扰物,有无变形、破损等
8	脚架	检查脚架是否出现裂纹、变形、破损等
9	控制终端	检查控制终端天线是否有损伤,显示器表面是否有明显凹痕、碰伤、裂痕、变形等,开机后显示器是否出现坏点或条纹;测试每一个按键,检查功能是否正常有效
10	对频	检查无人机机身与控制终端是否能重新对频
11	自检	通电后,确认设备通过软件或机体模块自检,无人机机体或地面站无声、光、电报警

续表

序号	项目	内容
12	云台	检查连接部分有无松动、变形、破损等,转动部分有无卡顿,减震球是否变形、硬化,防脱绳是否松动、破损
13	电池	检查电池插入是否正常,接口处有无变形、破损等,插入电池是否可以正常通电,电芯电压压差是否正常
14	发动机	检查缸体、管路是否有渗漏,传感器工作是否正常,紧固件、连接件有无松动
15	传动装置	检查传动皮带松紧度是否适宜,齿轮是否完好无变形,火花塞、燃油滤清器、空气滤清器等是否需要更换
16	任务载荷	检查外观有无破损、变形等,镜头有无刮花、破损等,对焦是否正常;检查存储卡等模块是否插好,供电是否充足,与机体通信是否可靠
17	充电器、连接线、存储卡、平板电脑、手机、检测设备、电脑、存储箱、拆装工具等配套设施	有无变形、破损,功能是否正常等

2. 升级校准

对无人机相关部件,如惯性测量单元、指南针、控制终端摇杆等应进行定期校准,以保证无人机处于安全良好的运行状态。升级校准内容如表 7-3 所示。

表 7-3 升级校准内容

项目	内容
惯性测量单元校准	通过控制终端或软件校准
指南针校准	通过控制终端或软件校准
控制终端摇杆校准	通过控制终端或软件校准
视觉系统校准(若有)	通过调参软件校准飞行视觉传感器
RTK 系统升级(若有)	通过调参软件查看是否升级成功
控制终端固件升级	通过控制终端固件查看是否升级成功
电池固件升级	通过调参软件查看所有电池是否升级成功
飞行器固件升级	通过调参软件查看是否升级成功
RTK 基站固件升级(若有)	检查 RTK 基站固件是否为最新固件
云台校准(若有)	通过控制终端或调参软件校准云台
空速校准(固定翼)	通过地面站或控制终端查看空速校准

3. 机体清洁

无人机并非完全封闭系统,在使用过程中会有一定概率进入灰尘,应对无人机的外部和内部进行深度清洁处理。机体清洁检查内容如表 7-4 所示。

表 7-4 机体清洁检查内容

项 目	内 容
胶塞	是否松脱、变形
旋转卡扣	卡扣是否破损、有外来异物
电机轴承	是否存在油污、泥沙等外来物
控制终端天线	天线是否破损
控制终端胶垫	胶垫是否松弛,是否存在泥沙、灰尘
结构件外观	连接件是否破损、磨损、断裂,是否有油渍、泥沙
机架连接件及脚架	是否破损、磨损、断裂,是否有油渍、泥沙
散热系统	散热是否均匀,有无异常发烫
舵机及丝杆连接件	外观是否变形,是否有泥沙、油污,启动是否顺滑
控制终端接口	各接口是否接触不良,连接是否顺畅
电源接口板模块	金手指是否变形、断裂,插入是否正常,有没有过紧或过松

4. 部件更换

在维护保养过程中发现无人机及其部件出现外观瑕疵及功能性故障时,应对其进行统一更换处理。因结构差异,无人机产生老化与磨损的组件不尽相同,通常易更换的组件包括但不限于橡胶、塑料或部分金属材质的与外部接触或连接部位的组件及动力组件等,如减震球、摇杆、保护罩、机臂固定螺丝、桨叶等;核心部件包括但不限于动力电机、电调、电池、发动机等。无人机组件更换示例如图 7-10 所示。

图 7-10 无人机组件更换示例

二、电池维护保养

无人机电池涉及频繁的充放电操作及插拔等动作,且由于其自身的放电特性,应在使用和存储期间对其进行维护保养。电池维护保养方式如表 7-5 所示。

表 7-5　电池维护保养方式

项　目	内　容
电池使用保养	电池出现鼓包、漏液、包装破损等情况时,请勿继续使用
	在电池电源打开的状态下不应拔插电池
	电池应在许可的环境温度下使用
	确保电池充电时温度处于 15~40 ℃,充电时应确保电池充电部位连接可靠,避免虚插
	充电完毕后请断开充电器及充电管家与电池间的连接;定时检查并保养充电器及充电管家,经常检查电池外观等各个部件;切勿使用已损坏的充电器及充电管家
	飞行时不宜将电池电量耗尽才降落
	电池彻底放完电后不应长时间存储
	电池应禁止放在靠近热源的地方;电池保存温度宜为 22~30 ℃
	电池应从飞行器内取出长期存放
	在户外高温放电后或高温下取回电池不能立即充电,待电池表面温度下降至 40 ℃ 以下方可充电,且充电时应尽可能使用小电流慢充或使用智能电池充电器自动检测推荐的电流充电
	应采用无人机配套充电器或无人机制造商认可的第三方充电器进行充电,不可非法采用其他设备对电池充电,且充电过程中应保持通风散热并安排专人值守
电池存储保养	短期存储(0~10 天):电池充满后,放置在电池存储箱内保存,确保电池所处环境温度适宜
	中期存储(10~90 天):将电池电量放电至 40%~65%,放置在电池存储箱内保存,确保电池所处环境温度适宜
	长期存储(大于 90 天):将电池电量放电至 40%~65%,放置在电池存储箱内保存,每 90 天将电池取出进行充电,然后再将电池电量放电至 40%~65% 存放

三、发动机维护保养

发动机维护保养方式如表 7-6 所示。

表 7-6 发动机维护保养方式

项目	内容
发动机使用保养	应使用 92# 及以上等级的无铅汽油;二冲程发动机的汽油应配合润滑油使用,汽油和润滑油的混合比例为 40∶1;混合油应现配现用,不应使用久置的混合油
	每次作业完成后,应及时用汽油擦拭发动机表面油污,堵住进气口及排气口
	超过一个月不使用发动机时,应排干油路及化油器内燃油,让发动机中速运行,直至熄火,燃烧完油路里所有燃油,并清洁发动机
发动机周期性保养	飞行时间满 10 h:应对发动机的紧固螺钉、火花塞进行确认,清洗化油器滤网
	飞行时间满 100 h:应检查清理火花塞积碳,分析燃烧情况,确认电极间隙
	飞行时间满 150 h:应将发动机返厂保养

四、任务载荷维护保养

无人机任务载荷种类繁多,如云台相机、喊话器、探照灯、机载激光雷达、多光谱相机等,不同设备的保养方式不尽相同,应根据其自身技术特点进行维护。无人机常用任务载荷维护保养方式如表 7-7 所示。

表 7-7 任务载荷维护保养方式

项目		内容
部件检查	云台转接处	是否弯折、缺损、氧化发黑,是否安装到位
	接口	是否安装到位,有无松动情况
	排线	是否破裂、扭曲、变形
	云台电机	手动旋转电机看是否顺畅,检查电机有无松动、异响
	云台轴臂	是否破损、磕碰、扭曲、变形
	相机外观	是否破损、磕碰等
	相机镜头	是否刮花、破损
	机壳	是否破损、开裂、变形
性能检测	对焦	对焦是否正常
	变焦	变焦是否正常
	拍照	拍照功能是否正常,照片清晰度是否正常
	拍视频	拍视频功能是否正常,视频清晰度是否正常
	云台上下左右控制	转动是否顺畅,是否有抖动异响,回中时图像画面是否水平居中
	存储卡格式化	格式化是否成功

续表

项 目		内 容
校准升级	横滚轴调整	横滚轴调整是否正常
	云台自动校准	云台自动校准是否成功通过
	相机参数重置	相机参数是否重置成功
	云台相机固件版本确认	固件版本是否可见
	固件更新及维护	确保固件版本与官网同步

五、其他设备维护保养

无人机其他设备主要包括配套的充电器、连接线、存储卡、平板电脑、手机、检测设备（如风速仪）、电脑、存储箱、拆装工具等。在无人机维护保养的过程中，应根据不同类型设备的实际需求对其他设备进行保养，保养的主要原则是：确保设备完整整洁，功能正常，定期检查设备状态，及时更换问题设备，确保无人机能正常顺利地完成工作任务。

六、无人机故障诊断与维修

无人机是机械动力结构与电子设备的结合体，涉及诸多电力组件与电子芯片及无线电信号设备，且无人机作为自动化控制系统，其核心部件是飞控，当设备出现故障时，通常会由飞控进行故障诊断并发出提示指令。无人机故障种类繁多，无法直观地通过简单的观察与拆解来进行诊断与维修，无人机的故障诊断与维修方式往往结合了硬件修理与软件修复的过程。

（一）故障诊断方法

无人机的型号及提供商不同，往往故障类型差异很大，常见故障诊断方法如表 7-8 所示。

表 7-8 常见故障诊断方法

项 目	内 容
开机后解锁电机不转	检查是否正确执行解锁起飞操作（内八或外八解锁）
	通过控制终端或调参软件查看飞控异常状态，并根据提示检查具体故障
	检查控制终端各通道是否能满行程滑动，检查通道是否反向
	检查电调是否正常工作，是否存在兼容性问题
	检查控制终端与飞行器是否已正确对频

续表

项　目	内　容
无人机飞行时异常震动	重新校准 IMU、指南针，检测故障是否仍旧出现
	检查 IMU 及 GPS 位置是否保持固定，连接相应调参软件检查 IMU 及 GPS 安装位置偏移参数是否正确
	检查无人机结构强度，拿起无人机适当摇晃，看机臂及中心是否松动，可以在空载和满载的状态下分别进行测试
	如故障依旧，需要通过调参软件连接飞行器查看飞控 PID 感度变化，并进行重新设置
无人机 GPS 长时间无法定位	确认当前环境是否处于空旷无建筑物区域，并令飞行器远离电塔、信号基站等强辐射干扰源
	观察 GPS 搜星状态，是否能接收到少量卫星信号，并尝试更换放置位置，观察卫星数是否出现变化，如卫星数增加，建议继续等待
	如果卫星数长时间为 0，且重启后故障依旧，需要尝试更新飞行器固件，并检查 GPS 与机身飞控连接是否正常
无人机开机出现鸣叫声	重启飞行器，检查故障是否依旧
	连接调参软件或控制终端，检查是否提示电调异常或飞控错误
	更新飞行器固件，检查故障是否依旧
	检查电调与飞控间连线是否松动或断裂
	调试电调，检查是否有异常
无人机电池无法正常充电	检查电池指示灯是否有提示，并结合指示灯信号指示说明确认电池具体的错误状态
	检查电池供电是否正常，有备用充电器或电池时可以进行交叉测试
	检查当前环境温度是否过高或过低，是否超过电池正常充电温度范围
	如电池指示灯不亮，可以尝试先将电池插入充电器等待 30 min，再检查电池是否有正常电量提示
	如电池指示灯完全无反应，且确认充电器完好，则确认为电池供电问题，需要请专业人士进行检查维修

（二）故障排除方法

常见故障排除方法如表 7-9 所示。

表 7-9　常见故障排除方法

项　目	内　容
无人机无图传显示	检查控制终端或图传设备连接是否正常，如有异常需要重新对频
	检查连接线是否连接完好，确保无破损现象；确保云台相机正确安装并可以通过自检，如出现连接异常，请检查云台接口的金属触点是否有变形、氧化现象，并尝试重新安装云台相机

续表

项 目	内 容
无人机无图传显示	在控制终端内检查图传设置是否正确。若条件允许,尝试更换控制终端与飞行器对频进行替换测试
	若在固件升级后无图传显示,请确认控制终端和飞行器固件升级版本是否兼容
	如果在飞行过程中出现"无图传信号"的提示,应排除环境干扰,建议切换图传信号通道,若信道质量依然较差,请检查控制终端天线摆放位置,令飞行器往前方远处飞行,保持控制终端天线与天空端的天线平行;若飞行器在头顶,请将控制终端天线打平放置,使得飞行器信号接收在最佳范围内
	若依旧干扰严重,则可能是环境干扰严重,考虑更换作业场地
	如通过图传设置的外置信号接口(HDMI)可以正常输出信号,则需要判断控制终端或图传显示端是否发生故障,需要联系专业人士维修
	如飞行器是在发生碰撞后导致无图传,建议对图传模块进行具体故障检测
无人机解锁后无法起飞	检查控制终端油门杆是否有控制电机以及电机是否转动,如果电机没反应则可能是油门杆量程或通信异常,应尝试重新校准
	如油门杆有控制电机,但电机加速不明显,无人机无法飞行,请确认控制终端操作手模式设置是否正确
	如电机转速正常,需要检查飞行器桨叶是否装反,如果检查无误,请重新校准IMU再尝试
	检查飞行器整体载荷是否超过飞行器许可的最大起飞重量
控制终端无法正常控制云台	检查是否能通过控制终端正常控制云台参数,如正常,则尝试重新校准控制终端或调整控制终端按键映射选项,看是否正常
	如无法通过控制终端调整则检查云台安装是否正常,尝试重新安装或更换云台,测试是否为云台故障
	如更换云台依旧无法正常操控,尝试对飞行器固件进行更新升级
	检查云台与飞控是否正常连接
无人机飞行限高	确认当前飞行环境不属于限高限飞区范围
	检查飞行器是否正常激活或是否处于训练模式
	检查飞行器与控制终端连接是否正常,有无异常信息提示
	通过控制终端或调参软件检查飞行器是否设置了限制飞行高度
	尝试升级飞行器和控制终端固件
无人机飞行时掉高	确认无人机飞行环境是否存在大风或气温突变的情况,从而影响了气压计的判断
	检测飞行器散热通风模块是否堵塞,从而影响了气压计的判断
	确认飞行器处于正确的飞行模式,检查控制终端油门杆是否有偏移
	尝试重新校准IMU,对于部分有下视距离传感器的机型,尝试进行设备校准
	检查飞行器使用时长,升级飞行器固件

第七章 无人机设备维护保养

（三）维修

当无人机通过故障诊断及故障排除后仍无法达到作业要求时，应将无人机寄送至原无人机制造商或原无人机制造商授权的服务商进行维修。不同设备的维修方式不尽相同，常见维修内容如表 7-10 所示。

表 7-10 常见维修内容

序号	项目	内容
1	外壳	破损、变形严重，应维修更换
2	桨叶	破损、变形严重，应维修更换
3	机身主体	整体破损、变形严重，应维修更换
4	脚架	破损、变形严重，应维修更换
5	控制终端	外壳破损、变形严重，按键失效、指示灯不亮等，应维修更换
6	相机	外壳破损、变形严重，镜头破损、无法对焦，应维修更换
7	充电器、连接线、存储卡、平板电脑、手机、检测设备、电脑、存储箱、拆装工具等配套设备	破损、变形严重，应维修更换
8	电调	无法正常工作，应维修更换
9	天线	无法传输信号，应维修更换
10	对频	机身与控制终端无法重新对频，应维修更换
11	云台	连接部分变形、破损严重等，转动部分无法控制等，应维修更换
12	电池	电池插口破损严重，排线断裂，电池破皮、鼓包，电压压差不符合要求等，应维修更换
13	发动机	发动机缸体活动间隙变大、有异响、漏油、堵转、无法启动等，应维修更换
14	电机	无法正常转动，应维修更换
15	机臂	变形、破损严重，无自检合格信号，应维修更换
16	飞控	变形、破损严重，无控制信号输出，无法正常工作，应维修更换
17	视觉及红外传感系统	无法感知及反馈信号，应维修更换

第三节　机场设备维护保养

随着技术发展，近年来各级单位开始尝试将无人机机场用于配电网。机场通常安装在户外，日晒雨淋。进行定期维护保养工作能确保机场系统可靠工作。按不同型号机场的结构和特点，各厂家有针对性地推出无人机机场维保（即维护保养）手册。使用过程中，应按厂家要求并结合实际使用环境开展维保工作。机场维保工作一般分为两部分，即机场机构部分的维保和无人机（飞行器）部分的维保。

一、维护保养注意事项

维护保养时必须按照维保手册或说明书的步骤和要求进行。

接触任何导体表面或端子之前应测量接触点的电压，确认无电击危险，严禁带电操作。

切勿使用非绝缘工具（如金属柄螺丝刀）操作，以免触电。

维护时必须使用专用的个人防护用具，如安全帽、护目镜、绝缘手套、绝缘鞋等，并做好设备接地。

进行风扇、舱盖、推杆等运动部件的检查和保养时务必确保机场已断开电源，部件处于静止状态，避免设备自动启动带来的人身伤害。

进行保养前，务必确保控制平台上无任何待执行计划，并且飞行器已降落回机场，人员入场后应先按下机场的急停按钮，再进行其他操作。

二、维护保养周期

不同无人机的材料、工艺和型号不同，维护保养周期有一定差异。

大疆机场及飞行器（见图 7-11）维护保养周期如表 7-11 所示。

图 7-11　大疆机场及飞行器

表 7-11　大疆机场及飞行器维护保养周期

产品	保养类型	保养项目	保养建议	周期
大疆机场	常规保养	周边环境检查，设备外观及部件检查、测试和清洁	用户根据实际情况进行，或联系 DJI 授权的服务商	每半年/每 1500 作业架次
大疆机场	深度保养	在常规保养的基础上，按使用周期进行易损件更换	联系 DJI 授权的服务商	每 1 年/每 3000 作业架次
飞行器	基础保养	深度清洁、部件检测、升级校准	建议返厂或联系 DJI 授权的服务商	用户根据实际使用情况自行选择进行。建议进行机场常规保养时，同步进行飞行器的基础保养
飞行器	常规保养	深度清洁、部件检测、升级校准、易损件更换	返厂	每 300 航时/每 1 年/每 1000 作业架次
飞行器	深度保养	深度清洁、部件检测、升级校准、易损件更换、动力系统更换	返厂	每 900 航时/每 3 年/每 3000 作业架次

智睿-S110 无人机智能基站（见图 7-12）维护保养周期如表 7-12 所示。

图 7-12　智睿-S110 无人机智能基站

表 7-12　智睿-S110 无人机智能基站维护保养周期

类　　型	保养项目	保养建议	周　　期
基础保养	定期保养项目、升级校准、深度清洁	建议返厂	累计飞行时长 200 小时或使用时长 6 个月
常规保养	定期保养项目、升级校准、深度清洁、易损件更换	必须返厂	累计飞行时长 400 小时或使用时长 12 个月
深度保养	定期保养项目、升级校准、深度清洁、易损件更换、核心部件更换	必须返厂	累计飞行时长 600 小时或使用时长 18 个月

三、维护保养内容

（一）基站外观结构检查

基站由大量金属模组构成，部分结构可能会生锈，因此，为保障设备长期稳定运行，需要对基站运动部分进行定期除锈与防锈保护工作。

(1) 观察基站外壳有无变形、破损、锈渍。

(2) 检查舱门开启、平台升降时有无异响，运行是否稳定，有无卡顿。

(3) 舱门开启后查看导轨有无锈渍。

(4) 使用过程中，要杜绝人为损坏对设备的影响。严禁大力碰撞，降低使用过程中的安全隐患。

（二）基站硬件检查

将舱门展开，观察是否有锈迹、活动时是否存在异响。如若出现异响和锈蚀情况，需要先将原本的锈渍去除，可使用 WD-40 除锈剂对锈蚀部位进行喷涂，静置两分钟后使用干净清洁布进行擦拭，重复两至三次后可将锈渍全部去除，最后在导轨上涂抹适当导轨润滑油即可。

（三）基站清洁工作

基站处于室外环境，机场内可能存在积尘，因此需要对机场进行清洁。

(1) 将舱门打开、平台升起，然后将机场断电。

(2) 用湿润的抹布对升降平台进行除尘。

(3) 除尘能保证平台上的二维码干净、清晰，提升无人机降落时的识别率，保证无人机准确降落。

(4) 清理传感器上面的灰尘，避免传感器上灰尘过多，导致传感器不灵敏。

(5) 使用刷子对空调的进风口进行清理，让空调进风正常才能达到最好的制冷效果。

(6)清理风扇,使其散热正常,不会出现过热现象。

(四)基站的其他维护工作

(1)检查板卡之间的数据线连接是否稳定。
(2)检查基站内无人机电池循环次数,若循环次数大于 150 次,建议更换新电池。

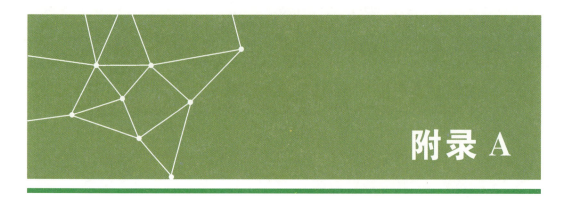

附录 A

样票与汇总表示例

附录 A.1 派工单样票

国网××县供电公司

配电作业派工单(国网××县供电公司)第××××××号

1. 派工人:<u>姓名</u>　　　　　班组:<u>国网××县供电公司/检修建设工区</u>
2. 工作负责人:<u>姓名</u>　　　工作班成员:<u>姓名,共××人</u>
3. 工作地点及工作任务:<u>××县××镇 10 kV ××线无人机精细化巡检</u>
4. 计划工作时间:自<u>××</u>年<u>××</u>月<u>××</u>日<u>××</u>时<u>××</u>分至<u>××</u>年<u>××</u>月<u>××</u>日<u>××</u>时<u>××</u>分
5. 安全措施及注意事项

(1) 无人机操作注意事项:<u>应确保起飞点地面水平且平整,周围半径 5 米内无人,上方空间足够开阔,操作手操作过程中严禁无关人员站立在操作手两肩平行线前方;确保无人机飞行区域附近无禁飞区、军事禁区、机场和民航航线;恶劣天气下禁止飞行;飞行时,请保持在视线内控制无人机,远离障碍物、人群、水面等;在高速公路、铁路附近飞行应遵循当地管理单位规定,不得操作无人机跨越高速公路、铁路;每次起飞前对无人机进行外观检查,确保无肉眼可见缺陷;巡检过程中确保无人机有足够电量返回降落点,电量不足应立即返航,更换电池继续飞行。</u>

(2) 防交通事故:<u>应遵守交通规则,文明驾驶,防止交通意外发生。</u>

(3) 防触电:<u>巡检人员严格执行"两穿一戴"。</u>

(4) 防人身意外:<u>偏僻地区、夜间巡检工作,应至少两人一组进行。</u>

(5) 防动物咬伤:<u>进入乡村和居民区时,应携带木棍等防身工具,防范犬类袭击;被犬咬伤后应立即使用浓肥皂水冲洗伤口 15 分钟,同时用挤压法自上而下将伤口内残留唾</u>

液挤出,用碘伏擦涂创口。

6. 派工人:姓名　派工时间:××年××月××日××时××分
7. 工作班成员确认工作负责人布置的工作任务、安全措施及注意事项并签名:签名
8. 工作任务完成情况:10 kV××线无人机精细化巡检已完成
9. 工作结束汇报时间:××年××月××日××时××分

汇报方式:电话　　工作负责人:签名　派工人:签名
备注:××××××××××××××××

附录 A.2　设备交接验收问题汇总表

验收工作组 (签字)	组长		组员		验收时间	
建设管理部门 (签字)						
序号	专业组	设备名称	问题描述、整改意见及整改时间要求		备注	

附录 A.3　设备交接验收问题整改情况汇总表

工程名称							
序号	专业组	设备名称	问题描述及整改意见	检查人 (签字)	整改完成 情况及时间	整改人 (签字)	复检人 (签字)	备注

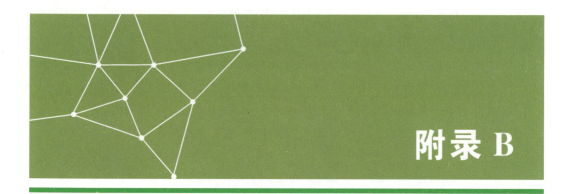

附录 B

巡检报告模板

国网湖北省电力有限公司
××供电公司
配电线路无人机精细化巡检报告

检测单位:××供电公司无人机班/供电所
检测线路:10 kV××园区二回线
杆塔基数:××
检测人员:××
编写人员:××
审核人员:××
检测设备:××
辅助设备:RTK/GPS、笔记本电脑

一、检测目的

根据《Q/GDW 644—2011 配网设备状态检修导则》等规范,采用 L1 雷达探头、可见光摄像头、高倍相机等,使用无人机对配电线路进行精细化巡检。

配电线路无人机巡检相较于传统人工巡检,巡检效率更高、巡检质量更优、巡检成本更低且作业更加安全。

精细化巡检要求较高,由无人机携带可见光摄像头、红外成像仪同时对杆塔本体、金具、绝缘子、导线等设备开展巡检,通过无人机精细化巡检可以发现线路隐患、缺陷,有助于及时处理线路出现的问题,提高线路运行寿命,对电力系统的安全稳定运行有积极作用。

二、检测依据

(1)《Q/GDW 10799.8-2023 国家电网有限公司电力安全工作规程第 8 部分:配电部分》;

(2)《DL/T 2107-2020 配网设备状态检修导则》;

(3)《Q/GDW 10370-2016 配电网技术导则》;

(4)《Q/GDW 745-2012 配电网设备缺陷分类标准》。

三、缺陷等级

可分为危急缺陷、严重缺陷、一般缺陷三级。

1. 危急缺陷

基础受到严重破坏、交叉跨越处导线线夹未固定、绝缘子烧伤严重等缺陷,随时有可能危及线路安全运行,应尽快安排检修或更换,消除缺陷,避免故障的发生。

2. 严重缺陷

设备老化破损、松动等缺陷,系统可以运行,但要加强监控,缺陷处应作为下个检测周期的重点检测对象,应纵向比较每次检测的结果,如果劣化程度有加剧的趋势,应进行对应设备的检修或更换,避免故障的发生。

3. 一般缺陷

有树障、异物,杆塔风化、水泥脱落,表面有污秽等,系统可以正常运行。

四、巡检概况

线路名称	10 kV××园区二回线			
巡检区段	全线路		巡检长度	
巡检方式	可见光拍摄	√	巡检仪器	
	红外光拍摄			
	点云扫描			
巡检时间	年　月　日			

五、缺陷汇总

缺陷等级	危急缺陷	严重缺陷	一般缺陷	合计
缺陷数目	0	1	12	13

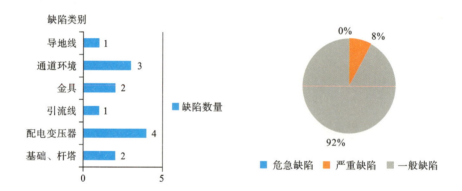

缺陷描述	缺陷等级	巡检方式

六、缺陷报告

线路名称:10 kV××园区二回线发源置业支线		塔号:19 号	
巡检机型:DJI MAVIC 3T		测温时间: 年 月 日	
天气:晴,28 ℃		测温人员:	
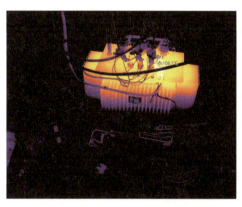			
发热缺陷部位	SP1	发热点最高温度(℃)	106.7
正常对应点部位		正常对应点温度(℃)	
当时环境温度(℃)	28	温差(℃)	
测温距离(m)	5	大气湿度(%)	50
相对温差		缺陷等级	严重缺陷

线路名称:10 kV××园区二回线国道支线	杆塔号:13 号
缺陷等级:一般缺陷	缺陷描述:变压器漏油
	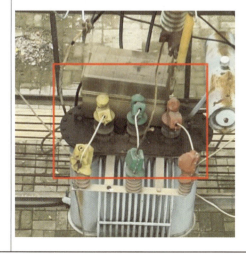